U0663891

金属纳米团簇的制备及在药物检测中的应用

蔡志锋　著

化学工业出版社
·北京·

内容简介

《金属纳米团簇的制备及在药物检测中的应用》主要介绍了金属纳米团簇的合成、基于金属纳米团簇的新型荧光传感平台的构建及其在药物检测中的应用。全书共8章：第1章概述了金属纳米团簇的研究现状、合成方法及应用；第2章至第7章分别详细介绍了聚乙烯亚胺稳定的铜纳米团簇（PEI-Cu NCs）、聚乙烯吡咯烷酮稳定的铜纳米团簇（PVP-Cu NCs）、胰蛋白酶稳定的铜纳米团簇（TRY-Cu NCs）、聚乙烯亚胺稳定的银纳米团簇（PEI-Ag NCs）、组氨酸保护的银纳米团簇（His-Ag NCs）以及色氨酸稳定的金纳米团簇（Trp-Au NCs）的制备、性能、荧光猝灭机理以及在药物检测中的实际应用；第8章对全书内容进行了总结并简述了未来研究方向。

《金属纳米团簇的制备及在药物检测中的应用》可供药物分析、分析化学、材料相关专业领域的科研人员、高年级本科生参考阅读。

图书在版编目（CIP）数据

金属纳米团簇的制备及在药物检测中的应用 / 蔡志锋著. -- 北京 : 化学工业出版社, 2025. 7. -- ISBN 978-7-122-48534-2

Ⅰ. TB383; R927. 1

中国国家版本馆 CIP 数据核字第 20259TB971 号

责任编辑：孙钦炜　马　波
责任校对：李雨晴　　　　装帧设计：韩　飞

出版发行：化学工业出版社
（北京市东城区青年湖南街 13 号　邮政编码 100011）
印　　装：北京科印技术咨询服务有限公司数码印刷分部
787mm×1092mm　1/16　印张 9¼　字数 162 千字
2025 年 7 月北京第 1 版第 1 次印刷

购书咨询：010-64518888　　　　售后服务：010-64518899
网　　址：http://www.cip.com.cn
凡购买本书，如有缺损质量问题，本社销售中心负责调换。

定　　价：98.00 元

前言

在纳米技术蓬勃发展的推动下，荧光纳米材料凭借其独特的性能优势已成为荧光探针领域的重要组成部分。这类材料不仅具备出色的荧光强度、可调控的发射波长和良好的稳定性，更展现出广阔的应用前景。目前常见的荧光纳米材料包括半导体量子点、稀土掺杂纳米颗粒、碳量子点以及金属有机骨架材料等。其中，金属纳米团簇因其优异的光学性能和生物相容性，近年来备受研究者关注。

相较于传统有机染料和量子点，金属纳米团簇具有制备简单、稳定性强、生物相容性好且毒性低等显著优势。这类由数个至数百个金属原子组成的超小尺寸材料，粒径接近于电子费米波长，尺寸介于金属纳米颗粒和金属配合物之间。由于量子限域效应，金属纳米团簇展现出尺寸依赖的荧光特性、催化活性、磁性和手性等不同于金属块体和金属纳米颗粒的分子性质。其超小的尺寸、精确的分子结构、稳定发光、极高的表面原子比、较大的斯托克斯位移以及可调控的表面化学性质，使其成为构建高性能荧光传感器的理想选择。基于金属纳米团簇开发的传感器不仅灵敏度高、选择性好，还能实现快速响应，在化学检测、生物成像和催化等领域具有重要应用价值。

本书系统介绍了金属纳米团簇的制备及其在药物检测中的应用：第 1 章综述了金属纳米团簇的基本特性、合成方法、荧光猝灭机理及应用领域；第 2 章介绍了聚乙烯亚胺稳定的铜纳米团簇的制备及其在土霉素检测中的应用；第 3 章阐述了聚乙烯吡咯烷酮稳定的铜纳米团簇的制备及其用于白杨素检测的研究；第 4 章探讨了胰蛋白酶稳定的铜纳米团簇的制备及其在芹菜素检测中的应用；第 5 章研究了聚乙烯亚胺稳定的银纳米团簇的制备及其对姜黄素的传感性能和检测；第 6 章介绍了组氨酸保护的银纳米团簇的制备并将其用于芦荟苷检测；第 7 章构建了色氨酸稳定的金纳米团簇荧光传感器，实现了对呋喃它酮的检测；第 8 章对全书内容进行了总结并简述了未来研究方向。

本书的内容主要来自本人多年的科研成果。在此书出版之际，特别对课题组张申老师给予的经费支持表示由衷的感谢。感谢硕士生王卓，本科生吴涛、王接昌、张一铭、白永杰、张耀方、周英杰在实验方面的卓越贡献。感谢太原理工大学郭玉玉老师，在本书撰写过程中给予的细心指导和修改。

由于作者学识和经验有限，对金属纳米团簇有关知识的理解还不够深刻，金属纳米团簇可以在多个学科领域得到很好的应用，而本书内容仅涉及其在药物检测中的应用，难免有不足之处，敬请广大读者批评指正。

蔡志锋
太原师范学院
2025 年 3 月

目 录

第1章

绪　论

在日常生活中，药物是不可或缺的。然而，全球范围内不遵循医嘱滥用药物问题日益严重，这种行为不仅可能导致药物成瘾，也会引发其他行为障碍。在此背景下，建立快速响应、高灵敏度和高选择性的药物检测方法对于公共安全、环境保护和人类健康具有重要意义[1,2]。

目前，研究人员已经开发了许多用于药物痕量检测的技术，包括气相色谱法[3]、液相色谱法[4]、高效液相色谱法[5]、表面增强拉曼光谱术[6]、毛细管电泳法[7]、电化学传感法[8] 等。然而，这些技术通常需要复杂的仪器、缺乏便携性、成本高昂、不适合实时现场检测。近年来，荧光法作为一种有吸引力和前景的传感方法受到了广泛关注。与其他检测方法相比，荧光法具有成本低、稳定性好、操作简单、灵敏度高等优点。此外，紫外光源和荧光探针可以很容易地集成到便携式设备中，便于现场实时检测药物。因此，基于荧光的药物检测方法具有巨大的实际应用潜力[9]。

随着纳米技术的快速发展，荧光纳米材料凭借其优异的荧光强度、可调的发射波长和高稳定性，成为荧光探针领域中不可或缺的组成部分。截止到目前，已经开发的荧光纳米材料主要有半导体量子点、稀土金属掺杂纳米粒子、碳量子点和金属有机骨架材料等[10-13]。近年来，金属纳米团簇（M NCs）表现出优异的光学特性和生物相容性，逐渐成为最具发展潜力的荧光纳米材料之一。本章主要从金属纳米团簇的性质、合成方法和应用等方面进行介绍。

1.1　金属纳米团簇概述

金属纳米团簇由几个到几百个金属原子组成，其粒径近似于电子费米波长，尺寸介于等离子体金属纳米粒子和金属络合物之间。由于量子尺寸效应的存在，金属纳米团簇表现出量子限域效应[14-16]，具有不同于金属块体和金属纳米颗粒的分子性质，比如尺寸依赖的荧光性质、催化活性、磁性和手性。此外，金属纳米团簇具有精确的分子结构、稳定的荧光发射、极高的表面原子比、大的斯托克斯位移和可控的表面化学性质，使其作为荧光探针在许多传感领域得到广泛应用。作为荧光传感器，其满足高灵敏度、高选择性和快速响应的要求。金属纳米团簇的强荧光使其在探针和分析物浓度较低的情况下，仍能产生可检测到的光学响应，这有利于开发高灵敏度和低成本的传感器。在选择性方面，金属纳米团簇的金属核和有机配体壳通过独特的相互作用，可特异性识别分析物。此外，金属纳米团簇的高反应性表面和超小尺寸有助于其以高效、快速的方式与分析物相互作用，从而实现传感器的快速光学响应[17]。因此，金属核和表面配体的物理化学性质对金属纳米团簇的发光性能和传感能力有较大影响。目前，金属纳米团簇主要有金纳米团簇、银纳米团簇和铜纳米团簇。

1.1.1 金纳米团簇

金纳米团簇（Au NCs）是研究最早且广泛的金属纳米团簇。其由于具有低毒性、易于合成和优异的化学光学稳定性，在催化、生物成像和化学传感等方面得到广泛的应用。在过去的几十年中，科研人员制备了不同类型的金纳米团簇[18,19]。其中，牛血清白蛋白稳定的金纳米团簇表现出卓越的稳定性，其结构中含有丰富的氨基残基，有助于与其他化合物相互作用从而改变金纳米团簇的荧光信号。例如，Fu 等[20] 采用一锅还原法合成了牛血清白蛋白稳定的金纳米团簇，并制备了以该金纳米团簇为外壳、疏水性药物姜黄素为核心的纳米胶囊，作为肿瘤细胞治疗剂。研究结果表明，该纳米胶囊可以在细胞中被分解，释放姜黄素。同时，该纳米胶囊以浓度和时间依赖的方式对肿瘤细胞增殖表现出显著的抑制作用。此外，使用该纳米胶囊处理细胞后，细胞膜出现皱纹，导致细胞表面粗糙，这意味着细胞骨架参与了细胞对纳米胶囊的摄取(图 1-1)。该系统在药物输送和肿瘤治疗中具有很好的应用潜力。Geng 课题组[21] 开发了牛血清白蛋白稳定的金纳米团簇并将其用于检测牛奶中的卡那霉素。当卡那霉素适配体组装在金纳米团簇表面时，该金纳米团簇的红色荧光明显消失。然而，添加卡那霉素后，特异性适配体从该金纳米团簇表面分离并形成适配体和卡那霉素的复合物，然后该金纳米团簇的红色荧光又恢复。因此，可根据金纳米团簇的荧光强度

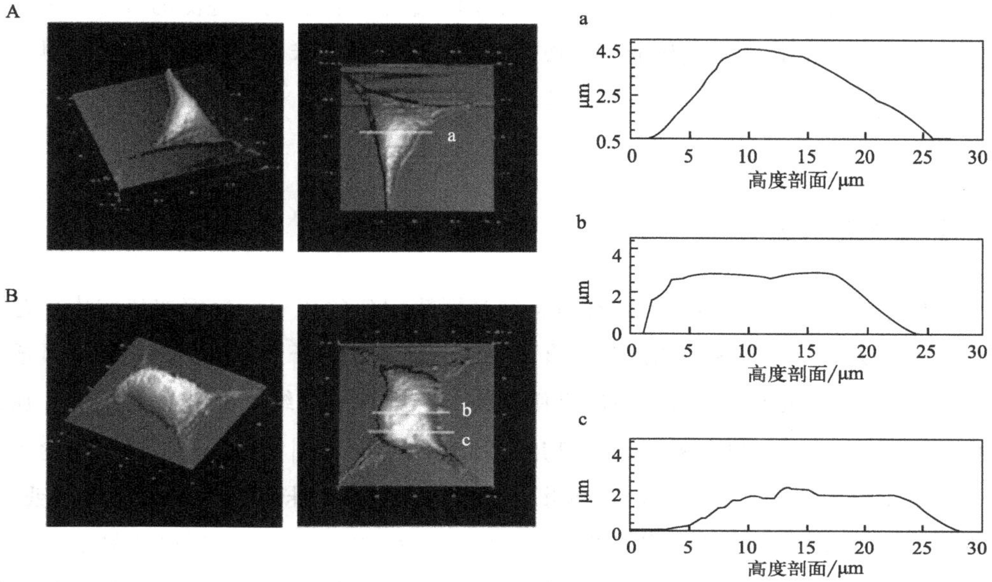

图 1-1　原子力显微镜下给予纳米胶囊前后细胞形态变化[20]

(A) 正常肿瘤细胞（SH-SY5Y 细胞）的原子力显微镜图像；

(B) 给予纳米胶囊后 SH-SY5Y 细胞的原子力显微镜图像

得到卡那霉素适配体的量，进而推断出卡那霉素的浓度。卡那霉素浓度在 0.04～7.0 nmol/L 范围内表现出良好的线性响应。该方法被用于检测牛奶中的卡那霉素并获得了令人满意的回收率。

目前，大部分金纳米团簇仅具有单一发射波长，在应用中很容易受到许多因素的影响，如浓度、激发光的强度和周围环境，因此检测准确度可能会受到不同程度的影响[22,23]。相比于单发射波长，双发射波长检测可以克服上述缺点，可以提供对环境干扰的自校准，从而提高检测结果的准确度[24]。例如，Kong 等[25] 制备了一种新型的双发射金纳米团簇（d-Au NCs），并将其用于鉴别检测苯丙氨酸和 Fe^{3+}，具有高选择性和高灵敏性。在 350 nm 的单一激发下，其发射波长分别为 430 nm 和 600 nm。苯丙氨酸可以“打开”该探针的红色发射光，而 Fe^{3+} 可以“打开”其蓝色发射光并“关闭”红色发射光。通过检测多种氨基酸和金属离子，d-Au NCs 对苯丙氨酸和 Fe^{3+} 表现出良好的选择性。最后，该方法成功应用于检测湖水、人尿和牛奶中苯丙氨酸和 Fe^{3+} 的含量，在生物和环境领域具有一定的应用前景。

基于金纳米团簇的荧光传感器通常需要仔细设计其配体外壳，以通过与药物分子的相互作用实现特异性识别。虽然基于金纳米团簇的药物传感器的研究取得了实质性进展，但仍存在一些挑战。值得注意的是，用于金纳米团簇药物检测的可用配体库仍然相对有限。因此，新型配体的引入或功能化为增强金纳米团簇的传感能力提供了一条有前景的途径。

1.1.2 银纳米团簇

银纳米团簇（Ag NCs）因具有与金纳米团簇相似的化学特性而在研究中引起了人们极大的关注，而银纳米团簇具有合成方法更简单、量子产率更高、原料更具成本效益的优势[26]。银纳米团簇已被广泛用于检测谷胱甘肽、维生素 B_{12}、Hg^{2+}、血红蛋白等[27-30]。此外，银纳米团簇还可用于检测抗生素。例如，Yin 等[31] 开发了一种双发射银纳米团簇荧光传感器，能够同时检测牛奶中的卡那霉素和妥布霉素残留。该银纳米团簇以 DNA 序列为模板剂，在 570 nm 和 677 nm 处产生双荧光信号。在 DNA 适配体片段之间引入 C_{12} 间隔区增强了荧光强度，同时最大限度地减少了猝灭过程中的交叉反应。适配体在与卡那霉素和妥布霉素结合后发生结构变化，导致相应银纳米团簇的荧光猝灭。该传感器表现出优异的灵敏度，卡那霉素的检测限为 180 pmol/L，妥布霉素的检测限是 860 pmol/L。该传感器成功应用于检测加标牛奶样品中卡那霉素和妥布霉素含量，卡那霉素的回收率为 93.6%～110.1%，妥布霉素的回收率为 91.4%～98.6%。研究表明，这种银纳米团簇传感器在食品安全应用中同时检测和分析多种抗生素方面具有重要前景。Wang 等[32] 探索以双链 DNA（dsDNA）为模板剂合成银纳米团簇的可行性和机理，并将该银纳米团簇用作卡托普利的荧光检测探针。研究表明，银离子与 DNA 碱基的结合破坏了初始 dsDNA 结构，并获得了高量子产率（43.54%）的银纳米团簇。该银纳米团簇检测卡托普利含量时表现出良好的性能，线性范围为 0.1～0.8 μg/mL，检出限为 0.045 μg/mL。最后成功检测了罗布麻叶茶和银杏叶片真实样品中卡托普利的含量。

虽然银纳米团簇在药物检测方面表现出了卓越的性能，但银纳米团簇的合成目前仅限于有限范围的表面配体。此外，开发稳定性高的银纳米团簇同样是当前非常重要的研究方向。

1.1.3 铜纳米团簇

众所周知，与金和银等其他贵金属相比，铜在地球上的储量相对丰富，使得制备铜纳米团簇的成本大大降低。因此，铜纳米团簇的开发和应用引起了广泛关注[33,34]。然而，与银纳米团簇一样，铜纳米团簇也面临着容易被氧化和稳定性差的挑战，这限制了它们在发光器件或传感领域的广泛应用。近年来，研究人员一直在努力合成具有高稳定性和良好荧光性能的铜纳米团簇，以进一步开发其在化学检测中的应用[35]。例如，Zhang 等[36] 以硫酸铜为金属体、叶酸为封端剂、抗坏血酸为还原剂，采用化学还原法制备了叶酸稳定的铜纳米团簇。根据内滤效应和静态猝灭机理，设计了一种基于铜纳米团簇的检测酒石酸的荧光传感器。当激发波长位于 353 nm 时，该铜纳米团簇在 443 nm 处发出蓝色荧光，且表现出均匀尺寸的球形特性。在最佳检测条件下，线性范围和检测限分别为 0.5～50 μmol/L 和 0.071 μmol/L。在实际样品中的应用可以得到令人满意的回收率。此研究为酒石酸的荧光检测提供了重要的理论基础。再如，Serag 等[37] 提出了一种新颖的、灵敏的检测盐酸美金刚的分析方法。以牛血清白蛋白为稳定剂、以水合肼为还原剂，制备了发红色荧光的铜纳米团簇。对该铜纳米团簇的光谱特性和传感机理进行了深入研究，揭示了盐酸美金刚与该铜纳米团簇相互作用的静态猝灭机理。通过优化检测时间、pH 值和试剂浓度，提高了该方法的灵敏度和选择性，该方法线性范围为 25～600 ng/mL。该方法适用性评估结果与文献报道的结果非常一致，表明其在制药和临床领域具有很好的实用性。Liang 等[38] 以组氨酸为模板剂开发了一种具有绿色荧光的铜纳米团簇（His-Cu NCs）。采用透射电子显微镜（TEM）等方法对 His-Cu NCs 的结构进行了表征。基于 His-Cu NCs，开发了一种检测 Cr^{6+} 的荧光传感平台。His-Cu NCs 的表面含有大量的含氧和含氮官能团，它们可以与 Cr^{6+} 反应，导致配体和金属离子之间的电荷转移，从而使得 His-Cu NCs 的荧光猝灭。该传感器在检测 Cr^{6+} 方面表现出优异的灵敏度和选择性，Cr^{6+} 的检测限为 0.31 μmol/L。此外，His-Cu NCs 表现出良好的荧光稳定性，使得 His-Cu NCs 可以用作荧光油墨，在纸上书写和绘制防伪图标。

尽管铜纳米团簇在某些方面具有优势，如丰富的地壳储量和良好的成本效益，但它们仍然面临着一些挑战，特别是在稳定性方面。通过优化配体结构或与稳定基序集成，进一步努力制造具有强光学性能的铜纳米团簇，对于推进其在化学传感中的实际应用至关重要。

1.2 金属纳米团簇的性质

与较大的纳米粒子相比，由于小尺寸和特殊的离散能级以及带隙能量结构，金属纳米团簇表现出独特的电子、光学和催化性能。这些特性主要有强烈的光致发光、高（电）催化活性、量子化电容充电（或单电子转移）。这些新颖性质使得金属纳米团簇在荧光分析、化学/生物传感器、光电器件和生物标记等领域显示出巨大的应用潜力。近年来，人们主要研究了金属纳米团簇的光学性能（紫外-可见吸收性质、荧光性质）和催化性能。

1.2.1 紫外-可见吸收性质

在紫外-可见（UV-vis）吸收光谱表征中，通常会观察到较大金属纳米颗粒的特征表面等离子体共振（SPR）峰。例如，Au、Ag 和 Cu 的粒径相关 SPR 峰分别出现在 520 nm、420 nm 和 600 nm 左右。然而，金属纳米团簇表现出类似分子的最高占据分子轨道（HOMO）-最低未占据分子轨道（LUMO）电子特征和多频带阶梯式光吸收行为，而不是集体等离子体激元激发[39]，这是由于量子限域效应导致其丧失金属性质。例如，图 1-2 显示了 2-巯基-5-正丙基嘧啶（MPP）封端的 Cu_n（$n \leqslant 8$）纳米团簇的紫外-可见吸收光谱图[40]，与单体 MPP 相比，MPP 封端的铜纳米团簇的光谱在 285 nm、364 nm 和 443 nm 处存在三个分辨率很高的吸收峰。这种多带光吸收是由铜纳米团簇离散能级间的带间电子跃迁造成的。使用不同的制备方法和模板剂合成的金属纳米团簇的紫外-可见吸收光谱图会出现一定的差异，通过表面功能化后会使得吸收峰的位置发生偏移。

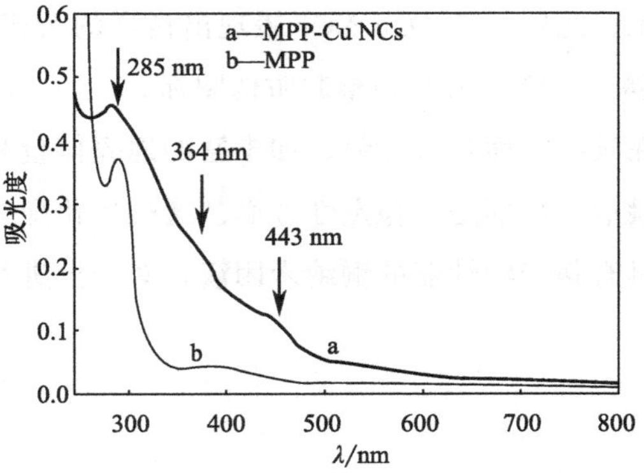

图 1-2 2-巯基-5-正丙基嘧啶（MPP）封端的铜纳米团簇和单体 MPP 的紫外-可见吸收光谱图[40]

1.2.2 荧光性质

由于带间跃迁和带内 HOMO-LUMO 跃迁，金属纳米团簇可以表现出光致发光特性。例如，Zhang 等[41] 通过化学还原法合成了谷胱甘肽保护的铜纳米团簇（GSH-Cu NCs），其激发波长和发射波长分别为 364 nm 和 424 nm［图 1-3(A)］。该铜纳米团簇溶液在阳光下为无色，在 365 nm 的紫外光照射下发出深蓝色荧光。此外，当激发波长由 340 nm 增大至 380 nm 时，该铜纳米团簇发射峰的位置变化很小［图 1-3(B)］。这种现象表明铜纳米团簇没有依赖于激发光的特性，可能是由于铜纳米团簇的尺寸均一。采用化学还原法制备的 Cu_n（$n \leqslant 8$）纳米团簇，在 423 nm 和 593 nm 处出现特定的双发射信号[40]。与金纳米团簇所观察到的一样，423 nm 处的发射信号可能是由 sp 带中激发态到 d 带的带间跃迁的结果，593 nm 处的发射信号可能是由 sp 带内 HOMO-LUMO 跃迁的结果。这些新颖的荧光特性使金属纳米团簇能够成为生物成像、生物标记和荧光分析等领域的理想荧光材料。例如，Hosseini 等[42] 合成了葡萄糖酸钠封装的铜纳米团簇，采用透射电子显微镜、紫外-可见吸收光谱、红外光谱和荧光光谱技术对该铜纳米团簇的结构和光学性质进行了表征。该铜纳米团簇具有优异的生物相容性。在激发波长 322 nm 下，向该铜纳米团簇中添加环丙沙星与氧氟沙星后，发射峰出现了红移。其荧光发射波长与环丙沙星与氧氟沙星浓度表现出优异的线性关系，环丙沙星与氧氟沙星的线性范围均为 0.005～0.3 μg/mL，检出限分别为 9 nmol/L 和 8 nmol/L。Li 等[43] 合成了四种不同量的苯硒醇（PhSeH）共稳定的近红外荧光金纳米团簇，并系统地研究了 PhSeH 对其光学性能的影响。研究发现，

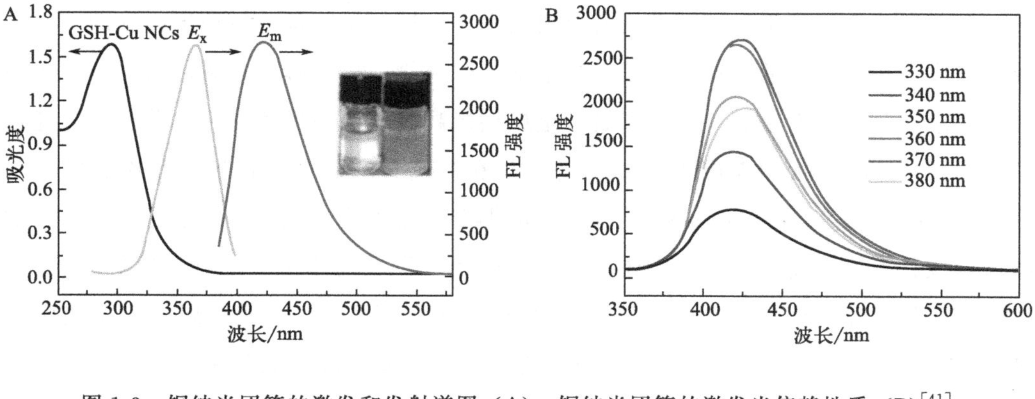

图 1-3　铜纳米团簇的激发和发射谱图（A），铜纳米团簇的激发光依赖性质（B）[41]

由于配体到金属的电荷转移效应，适当的 PhSeH 含量有利于金纳米团簇的荧光增强。此外，由于表面引入了 Au-Se 键，与硫醇盐配体稳定的金纳米团簇相比，硒醇盐配体共稳定的金纳米团簇表现出更好的光稳定性。硒醇盐配体也会影响金纳米团簇的细胞摄取效率及其成像特性。这些结果为进一步开发用于生物成像的硒醇盐稳定的金属纳米团簇提供了重要的理论基础。

1.2.3 催化性能

与惰性块状金属相比，金属纳米团簇表现出很高的催化和电催化活性。Chen 等[44] 研究了金纳米团簇的电催化活性，金纳米团簇对氧的还原表现出更高的电催化活性，可能是因为 Au 原子表面具有低配位数。理论研究表明，减小金纳米团簇的核心尺寸，d 带变窄并向费米能级移动，这将有利于超小团簇吸附 O_2，并进一步有利于对氧的还原反应。

1.3 金属纳米团簇的合成方法

目前，金属纳米团簇的合成方法主要有模板法、电化学法、油水微乳液法、化学还原法和微波辅助法等。

1.3.1 模板法

在过去的几十年里，基于模板的合成技术已被证明是制备金属纳米团簇的一种有效的合成方法。金属纳米粒子可以在分子筛、聚合物、聚电解质和树枝状大分子等模板内部形成。这种方法的一个优点是，金属纳米颗粒的核心尺寸和尺寸分布可以通过具有不同尺寸的模板剂来控制。Zhao 等[45] 在羟基封端的第四代聚酰胺胺树枝状大分子［PAMAM（G4-OH）］的“纳米反应器”中制备了铜纳米团簇。在这种方法中，树枝状大分子充当模板，它还为铜纳米团簇提供了配体场，以避免聚集。PAMAM 树枝状大分子具有均匀的结构，内部含有叔胺，可以与过渡金属离子形成配位键。PAMAM 和 $CuSO_4$ 被共溶解，从而使得 Cu^{2+} 可以被提取到 PAMAM 的内部。Cu^{2+} 位于 G4-OH 树枝状大分子（G4-OH/Cu^{2+}）中，并被 $NaBH_4$ 还原为金属铜纳米团簇。紫外-可见吸收光谱结果表明，树枝状大分子能够有效地合成尺寸小的金属纳米团簇。

1.3.2 电化学法

1994年，Reetz等首次使用电化学法合成了金属纳米粒子。该方法因为简单易行，在制备不同形状和尺寸的粒子方面得到广泛的应用。通过电化学合成法，使用阳极作为金属源，阳极溶解产生的金属离子在阴极表面被还原成金属颗粒，这些颗粒被溶液中的表面活性剂稳定。例如，González等[46]采用电化学法获得了十二烷硫醇/四丁基铵封端的银纳米团簇。该银纳米团簇具有优异的稳定性、窄的发射轮廓，可以溶于不同的溶剂（有机溶剂和水溶剂）。这些特性使银纳米团簇不仅可以作为生物传感器，而且在催化领域中也具有重要应用潜力。此外，电化学法操作非常简单，可以在几分钟内制备单分散金属纳米团簇样品。

1.3.3 油水微乳液法

微乳液是水相和有机相的液体混合物，在纳米级水平上提供了一个理想的化学反应器，能够精确控制合成具有特定粒径、形状和窄尺寸分布的金属纳米团簇。Vázquez-Vázquez等[47]通过微乳液技术制备了一系列小原子铜纳米团簇。该研究发现，通过调节还原剂的用量，可以很容易地控制铜纳米团簇的核心尺寸。微乳液系统最初是通过混合十二烷基硫酸钠（作为表面活性剂）、异戊醇（作为助表面活性剂）、环己烷（作为油相）和硫酸铜（Ⅱ）溶液（作为水相）形成的。然后将适量$NaBH_4$水溶液缓慢滴加到形成的油/水型微乳液中，使用不同浓度的$NaBH_4$可以获得不同尺寸的铜纳米团簇。

1.3.4 化学还原法

化学还原法是以金属离子和特定的保护剂作为原料，然后加入合适的还原剂将金属离子还原为金属原子，在保护剂的作用下再逐渐生长形成金属纳米团簇。因其操作简便，已被广泛应用于合成金属纳米团簇。例如，Sasikumar等[48]以聚4-苯乙烯磺酸钠为保护剂、青霉胺为还原剂、氯化铜为前驱体，通过化学还原法合成了发红色荧光的铜纳米团簇（PSS-Cu NCs）。该探针可高选择性地检测肌酐。此外，还开发了基于试纸和智能手机的集成检测肌酐的荧光传感平台。上述研究提供了一种可靠、经济高效、灵敏和便携的现场检测方法，即可通过荧光颜色的变化来测量肌酐含量（图 1-4）。Hada 等[49] 以牛血清白蛋白为保护剂、四氯金酸为前驱体、抗坏血酸为还原剂，通过一步化学还原法制备了牛血清白蛋白稳定的金纳米团簇（BSA-Au NCs）。制得的纳米团簇平均粒径为 2～3 nm，并具有高光稳定性、温度依赖性和激发诱导的可调红光致发光等特性。此外，采用叶酸功能化（FA-BSA-Au NCs），Au NCs 首次成为在 NIH：OVCAR-3 人卵巢腺癌细胞中的主动靶向体，成功用于生物成像。

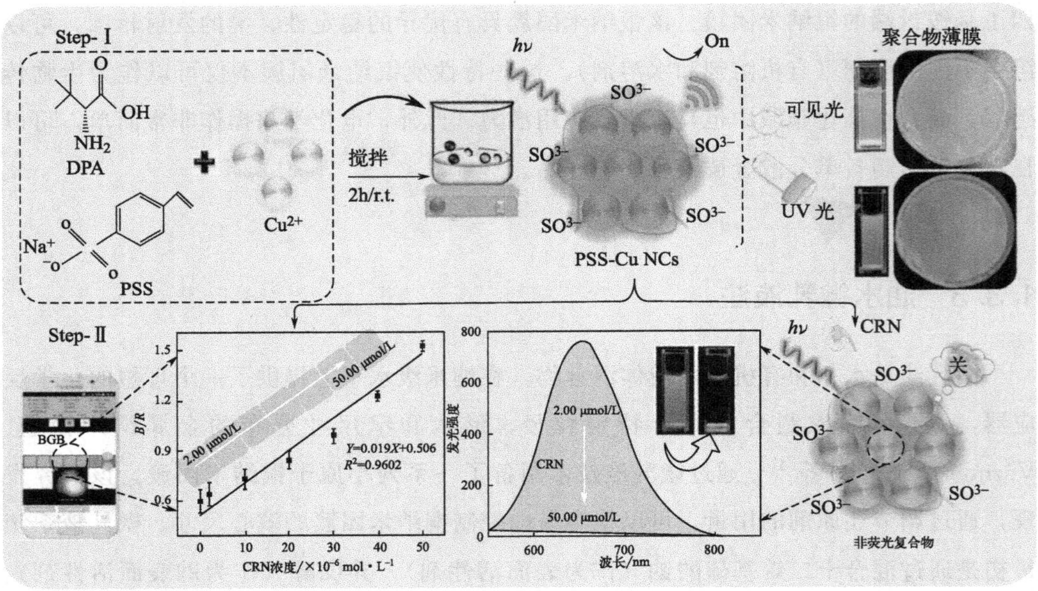

图 1-4　铜纳米团簇的制备及智能手机和试纸集成平台检测肌酐示意图[48]

1.3.5　微波辅助法

微波辅助法是一种利用微波能量对材料进行处理的方法，具有高效、节能、环保等优点。其基本原理是将微波能量作用于材料中的水分子，使其产生高速旋转和摩擦，从而产生热量。微波能量可以直接作用于材料内部，实现均匀加热和快速升温，且微波的非热效应可用于进行化学反应和物理处理。微波辅助法同样可用于合成金属纳米团簇。例如，Zhang 课题组[50] 以 L-半胱氨酸（L-Cys）为保护剂和还原剂，在微波辐射下快速合成了 L-Cys-Cu NCs，并将其作为“开-关-开”型荧光传感器检测叔丁基对苯二酚。在最佳检测条件下，叔丁基对苯二酚的线性范围为 2～350 μmol/L，检测限为 0.077 μmol/L。此外，在检测食用油样品中叔丁基对苯二酚含量时，相对标准偏差低于 8.89%，回收率的范围为 94.53%～108.99%。可见，微波辅助快速合成的 Cu NCs 有望成为食品安全和环境分析的荧光传感器。Zhang 等[51] 使用微波辅助法在 20 秒内快速合成了牛血清白蛋白保护的金纳米团簇（BSA-Au NCs）。添加 $KMnO_4$ 后，BSA-Au NCs 的红色荧光猝灭。其猝灭是通过荧光共振能量转移和内滤效应的共同作用实现的。随后，添加碱性磷酸酶后，BSA-Au NCs 的红色荧光可以恢复。碱性磷酸酶的检测限为 1.5 mU/mL。该荧光传感器具有良好的选择性，还可以准确检测人血清中的碱性磷酸酶，在临床诊断中具有很好的应用前景。Zheng 等[52] 采用微波法在几分钟内通过一锅法合成了牛血清白蛋白稳定的金银纳米团簇。通过高分辨率透射电子显微镜、X 射线光电子能谱（XPS）、X 射线衍射、红外光谱和荧光光谱技术对该纳米团簇的结构和光学性质进行了表征。该团簇对 Hg^{2+} 表现出良好的响应。研究表明，由于金银纳米团簇中的银效应，该合金纳米团簇的灵敏度是金纳米团簇的 6.3 倍。因此，该合金纳米团簇为制备高灵敏的荧光传感器提供了理论基础。

1.4 金属纳米团簇的保护剂

金属纳米团簇由于具有很小的尺寸，因此容易聚集形成尺寸较大的纳米颗粒，从而降低金属纳米团簇的表面能，使得其荧光强度明显出现减弱。因此，在金属纳米团簇的合成过程中需要添加保护剂来防止团簇的聚集。不同的保护剂对金属纳米团簇的大小及光学性能影响不同，选择合适的保护剂对金属纳米团簇的合成至关重要。目前，用于合成金属纳米团簇的保护剂主要有 DNA、蛋白质、氨基酸、高分子化合物等[53,54]。

1.4.1 DNA

脱氧核糖核酸（DNA）是生物细胞内含有的四种生物大分子之一。DNA 携带有合成 RNA 和蛋白质所必需的遗传信息，是生物体发育和正常运作必不可少的生物大分子。DNA 分子结构中，两条脱氧核苷酸链围绕一个共同的中心轴盘绕，构成双螺旋结构。脱氧核糖-磷酸链在螺旋结构的外面，碱基朝向里面。两条脱氧核苷酸链反向互补，通过碱基间的氢键形成的碱基配对相连，形成相当稳定的组合。某些金属配合物可以与核酸中的碱基（如鸟嘌呤、腺嘌呤和胞嘧啶）形成配位键，使金属配合物直接与核酸的碱基相结合。利用这一特性，DNA 已经被用于合成金属纳米团簇。例如，Li 等[55] 构建了基于 DNA 保护的银纳米团簇（DNA-Ag NCs）测定腺苷三磷酸（ATP）的“开启”型荧光纳米探针。在 ATP 存在下，DNA-Ag NCs 的荧光显著增强，这是由于 ATP 与适配体之间具有高度特异性的结合亲和力，导致位于 DNA 一端的带有深色荧光的 DNA-Ag NCs 环境因 ATP 适配体构象的变化而略有变化。该探针检测 ATP 的线性范围为 9～24 mmol/L，检测限为 3 μmol/L。此外，该纳米探针在胎牛血清中检测 ATP 方面表现良好。由于金属纳米团簇的独特尺寸效应和 DNA 的可编程性，DNA 修饰的金属纳米团簇在传感方面具有巨大的潜力。然而，单模型探针难以满足多样化场景的检测要求。Feng 等[56] 基于 DNA-Au NCs 开发了检测 Hg^{2+} 的灵敏化学发光分析和比色方法。研究发现，DNA-Au NCs 可以高灵敏度和高选择性地检测 Hg^{2+}。Hg^{2+} 可以猝灭 DNA-Au NCs 的荧光，这是由于 DNA-Au NCs 和 Hg^{2+} 之间通过形成 T-Hg^{2+}-T 相互作用而进行电子转移。同时，Hg^{2+} 与金原子的结合抑制了 DNA-Au NCs 的催化活性。荧光模式下 Hg^{2+} 的检测限为 28.4 nmol/L，比色模式下为 15.3 nmol/L，化学发光模式下为 8.7 nmol/L。这三个传感平台在真实样本中都显示出良好的检测性能。综上所述，DNA-Au NCs 具有多检测平台、催化活性和近红外发射特性，能够在诊断、催化和环境检测等多领域得到广泛应用。此外，DNA 在铜纳米团簇合成方面同样得到广泛关注。Ungor 等[57] 合成了新型腺苷一磷酸稳定的铜纳米团簇（AMP-Cu NCs）。AMP-Cu NCs 在 430 nm 处显示出蓝色发射信号，这与 Cu_{13} 金属核的存在有关。AMP-Cu NCs 表现出优异的稳定性，还可用于检测维生素 B_2，检测限为（2.01±0.31）μmol/L。可见，DNA 保护的金属纳米团簇在诊断、催化、化学传感和生物成像等方面具有巨大的应用潜力。

1.4.2 蛋白质

蛋白质是组成人体一切细胞、组织的重要成分，富含活性官能团，比如，氨基、羟基、羧基和巯基等。由于蛋白质存在大量的活性官能团，其可作为保护剂来稳定金属纳米团簇。例如，Cheng 等[58] 开发了一种具有聚集诱导发射特性的蛋白质导向荧光传感器（鸡蛋清保护的金纳米团簇，OVA-Au NCs）。OVA-Au NCs具有良好的荧光稳定性，且 UO_2^{2+} 可以选择性地增强OVA-Au NCs的荧光。通过傅里叶变换红外光谱仪（FT-IR）和XPS分析，UO_2^{2+} 与鸡蛋清的氨基、羧基、羟基和磷酸基团络合诱导聚集。该传感器对 UO_2^{2+} 显示出优异的离子选择性，检测限为34.4 nmol/L。结合智能手机程序，该传感器可以定量和便携的方式实现 UO_2^{2+} 的实时检测（图1-5）。Hemmateenejad等[59] 提出了一种基于牛血清白蛋白修饰的金纳米团簇荧光猝灭的叶酸测定方法。通过分析金纳米团簇和叶酸混合物的荧光光谱和吸收光谱，研究了叶酸对该金纳米团簇的荧光猝灭机理。pH值为7.4时，荧光猝灭符合Stern-Volmer方程，线性响应范围为120.0～33.12 μg/mL，检测限为18.3 ng/mL。此外，研究结果证明该探针用于测定药物片剂中叶酸含量是可行的。Nakum课题组[60] 研究了牛血清白蛋白稳定的银纳米团簇与维生素 B_6 辅因子吡哆醛5′-磷酸盐（PLP）和吡哆醛（PL）的相互作用。XPS分析表明，维生素 B_6 辅因子可以与BSA形成亚胺键，BSA-Ag NCs表面可以与PLP偶联从而形成伪球形纳米聚集体。在 Zn^{2+} 存在下，PLP-BSA-Ag NCs和PL-BSA-Ag NCs分别在490 nm和481 nm处出现荧光增强现

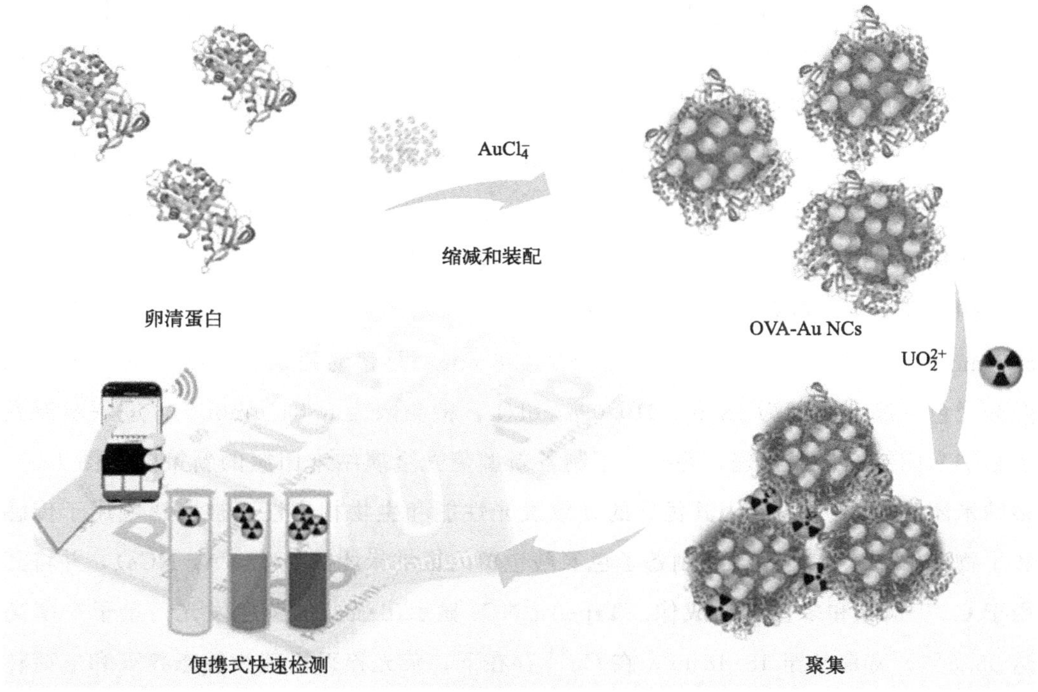

图1-5　OVA-Au NCs的制备及 UO_2^{2+} 检测的示意图[58]

象。通过添加强螯合剂EDTA，PLP-BSA-Ag NCs和PL-BSA-Ag NCs出现荧光减弱现象。可见，PLP-BSA-Ag NCs可用于测定实际样品中Zn^{2+}的含量。Li等[61] 采用BSA合成银纳米团簇，通过UV-vis吸收光谱、荧光光谱、上转换发射光谱、TEM和傅里叶变换红外光谱对银纳米团簇进行了表征。银纳米团簇在765 nm处出现微弱的红色荧光，具有很高的稳定性。研究发现，该银纳米团簇可能会增强和拓宽蛋白质的吸收，在银纳米团簇形成后，蛋白质吸收峰显示出明显的红移（7 nm）。Guo等[62] 建立了一个基于铜纳米团簇检测黄芩素的荧光平台。该团簇的制备是以硫酸铜为前体、胰蛋白酶为模板剂、水合肼为还原剂。黄芩素可以猝灭铜纳米团簇的蓝色荧光。根据这一现象，建立了一种简便、快速、选择性的“关闭”型荧光探针。在最优的测试条件下，线性范围为0.5～60 μmol/L，检测限为0.078 μmol/L。最后，该铜纳米团簇已成功用于测定牛血清样品中黄芩素的含量。

1.4.3 氨基酸

氨基酸上的氨基、羧基、巯基和羟基等活性官能团可以与金属纳米团簇中的金属原子配位，从而可作为金属纳米团簇的保护剂。此外，这些官能团也为目标物提供了结合位点。因此，氨基酸作为稳定剂已被广泛用于金属纳米团簇的合成[28,30]。Swathy等[63] 以色氨酸为保护剂和还原剂合成了金银双金属纳米团簇。以该团簇为基础，建立了检测组胺的“关闭”式荧光平台。该传感器对组胺的测定具有良好的灵敏度，线性范围为8.5×10^{-5}～4.0×10^{-6} mol/L，检测限为9.0×10^{-7} mol/L。通过在实际样品中的应用，证明了该传感器具有很好的实用性。Hu等[64] 采用蛋氨酸为保护剂和还原剂，制备了金纳米团簇。该金纳米团簇具有黄绿色荧光，其发射峰在536 nm处。当添加Ag^{+}后，其发射峰从536 nm明显移动到590 nm，颜色从黄绿色变为橙色。线性范围为18.0～210.0 μmol/L，检测限为8.54 μmol/L。进一步探究了金纳米团簇的形成机理，并提出了制备新型荧光金属纳米团簇的新策略（图1-6）。银纳米团簇（Ag NCs）因其优异的光致发光性能和生物相容性而被广泛应用于传感和生物成像。Li课题组[65] 制备了色氨酸包覆的银纳米团簇（Trp-Ag NCs），并将其用于Cu^{2+}检测和多色生物成像。Trp-Ag NCs显示出强烈的蓝色发光，量子产率高达35.6%，寿命长至18.48 ns。在Cu^{2+}存在下，荧光猝灭机理为静态猝灭和电荷转移猝灭。其对Cu^{2+}的检测具有高选择性和灵敏度，检测限为0.029 μmol/L。其由于优异的生物相容性，已成功用于细胞生物成像。Alqahtani等[66] 采用赖氨酸为封端剂，合成了金银纳米团簇（LYS-Ag/Au NCs）并用于组胺的灵敏和选择性“关闭”荧光检测。该荧光探针表现出优异的稳定性和高量子产率。团簇和组胺的静电作用、聚集效应和氢键的形成使得团簇的荧光发生猝灭。该探针在 0.003～350 μmol/L 范围内对组胺表现出良好的线性性能，检测限为 0.001 μmol/L。此外，该探针已被应用于检测复杂基质中的生物胺，凸显了其实际应用的潜力。综上所述，氨基酸作为人体的必需物质，绿色环保，在合成金属纳米团簇领域具有巨大的潜力[67-69]。

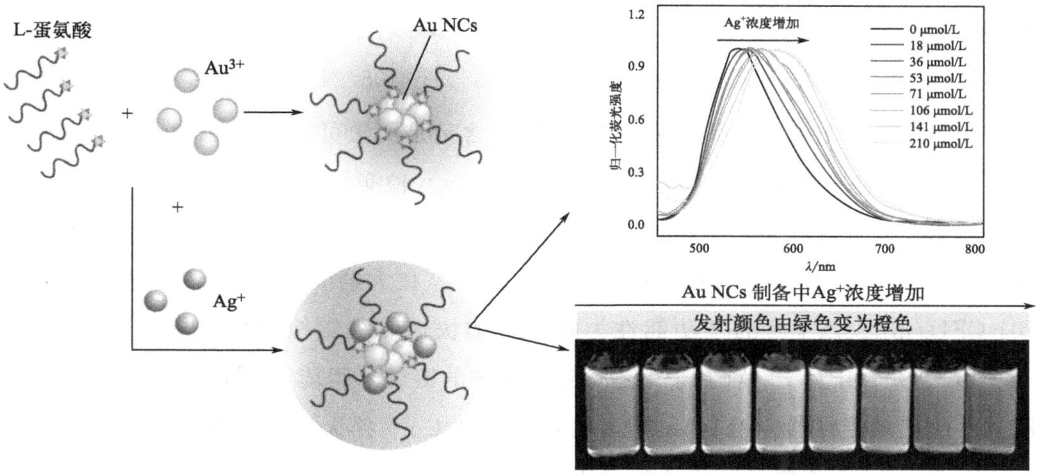

图 1-6 Au NCs 的制备及 Ag^{+} 检测的示意图[64]

1.4.4 高分子化合物

高分子化合物中同样富含大量的活性官能团，在金属纳米团簇的制备中起到重要作用。例如，Pena-Pereira 等[70] 以聚乙烯吡咯烷酮为稳定剂、抗坏血酸为还原剂，通过一锅化学还原法合成了聚乙烯吡咯烷酮稳定的铜纳米团簇（Cu NCs）。碘可以猝灭该 Cu NCs 的蓝色荧光，机理为静态猝灭。在最佳检测条件下，检测限和定量限分别为 1.0 ng/mL 和 3.4 ng/mL。相对标准偏差低于 7.4%（$n=7$），表明该探针具有很好的重复性。该检测平台已被成功用于检测不同水样中碘的含量。基于该纳米团簇的试纸传感平台，为便携式检测碘提供了很好的应用前景。含有该 Cu NCs 的纸质分析设备已被用于原位产生的碘的非仪器传感，有望成为碘测定的廉价、便携的替代方法。再如，黄曲霉毒素 B_1 是毒性最强的霉菌毒素之一，可引起人类和动物的各种健康问题。因此，建立一种灵敏、方便的检测黄曲霉毒素 B_1 的方法是非常重要和迫切的。Sun 等[71] 建立了基于 Ce^{4+} 氧化的邻苯二甲二胺（OPD）和聚乙烯吡咯烷酮保护的铜纳米簇（PVP-Cu NCs）的比率荧光法来检测黄曲霉毒素 B_1。具有强氧化活性的游离 Ce^{4+} 可以将 OPD 氧化为 2，3-二氨基吩嗪（DAP）并发出强烈的荧光。同时，DAP 可以猝灭 PVP-Cu NCs 的荧光。在碱性磷酸酶（ALP）的催化作用下，腺苷三磷酸（ATP）被水解并释放磷酸根离子（PO_4^{3-}）。PO_4^{3-} 对 Ce^{4+} 有很强的亲和力，这会减少溶液中的游离 Ce^{4+}。因此，OPD 不能被氧化为 DAP，PVP-Cu NCs 在 430 nm 处的荧光不能被猝灭。该法检测限为 26.79 pg/mL，线性检测范围为 50～250 pg/mL。在实际样品中黄曲霉毒素 B_1 的回收率为 84.66%～105.21%。这些结果表明，该比率荧光免疫法检测实际样品中黄曲霉毒素 B_1 含量是灵敏可靠的。Huang 等[72] 成功利用聚乙烯亚胺保护的金纳米团簇（PEI-Au NCs）检测核酸。PEI-Au NCs 与焦磷酸镁晶体结合进行阳性环介导等温扩增（LAMP）反应，产生肉眼可见的红色荧光块状沉淀物。PEI-Au NCs 具有卓越的核酸检测能力，在大约 50 分钟内识别浓度可低至 101 CFU/mL。该平台的多功能性为跨学科的快速和视觉检测核酸提供理论基础。Swathy 等[73] 开发了一种基于聚乙烯亚胺封端的银纳米团簇（PEI-Ag NCs）检测谷胱甘肽的荧光传感器。PEI-Ag NCs 的荧光能被 Cu^{2+} 猝灭，添加谷胱甘肽后荧光恢复。由于 Cu^{2+} 对谷胱甘肽的亲和力比对 PEI-Ag NCs 的亲和力大，因此在溶液中加入谷胱甘肽后，PEI-Ag NCs 与 Cu^{2+} 加合物发生碎片化，导致 PEI-Ag NCs 的发射信号恢复。在优化的分析条件下，谷胱甘肽的线性范围为 1.00×10^{-4}～3.00×10^{-6} mol/L，检测限为 8.00×10^{-7} mol/L。过氧化氢的检测对于生物研究具有重要意义，已有大量的荧光方法用于过氧化氢的检测。Zhou 课题组[74] 同样合成了 PEI-Ag NCs，发现还原型谷胱甘肽可以通过巯基猝灭 PEI-Ag NCs 的荧光。过氧化氢作为氧化剂，可以将还原型谷胱甘肽转化为氧化形式（GSSG），消除游离硫醇，并抑制猝灭。其线性范围为 0.1～20 μmol/L，检测限为 35 nmol/L。该方法具有优异的选择性，并已成功用于人血清样本中葡萄糖的测量。Chaiendoo 等[75] 首次提出了一种使用水溶性银纳米团簇（Ag NCs）检测 Fe^{2+} 的高选择性比色传感器。以聚甲基丙烯酸（PMAA）为模板剂和还原剂，通过一锅反应合成 Ag NCs。Ag NCs 对 Fe^{2+} 的检测具有高度的选择性和敏感性。其在 447 nm 处的吸光度随着 Fe^{2+} 浓度的增加而线性增加。线性工作浓度范围为 5～100 μmol/L，检测限为 76 nmol/L。此外，还研究了该传感器用于测定铁补充剂片剂样品中 Fe^{2+} 的可行性，并与 1，10-邻菲咯啉法以及电感耦合等离子体-发射光谱法（ICP-OES）进行了比较。这三种方法测量结果没有显著差异，表明该传感器具有很高的精度。

1.5 荧光猝灭机理

目前，目标物的荧光检测主要依赖于荧光团和目标物之间相互作用引起的荧光强度的明显变化[76-78]。常见的荧光猝灭机理包括光诱导电子转移（PET）、荧光共振能量转移（FRET）、内滤效应（IFE）、静态猝灭、动态猝灭和聚集诱导发光效应[79-82]。其中，光诱导电子转移（PET）、荧光共振能量转移（FRET）、内滤效应（IFE）这三种荧光传感机理如图 1-7 所示[83]。

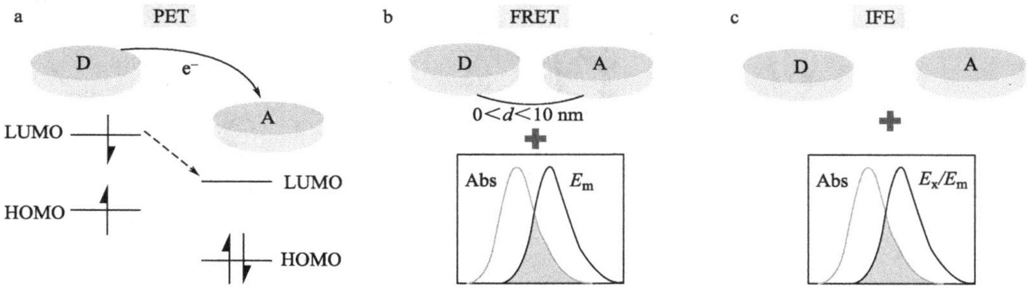

图 1-7　三种荧光传感机理示意图[83]

1.5.1 光诱导电子转移（PET）

光诱导电子转移描述了在特定波长的激发下，荧光探针的激发态能量轨道和分析物的能量轨道之间的电子转移［图 1-7(a)］。这种现象会引起传感器的荧光发生猝灭或者增强[84]。有些化合物中吸电子基团赋予了它们很强的吸电子特性，可以在光诱导电子转移过程中充当受体。相反，荧光探针的激发态电子可充当电子供体。在光诱导电子转移过程中，荧光探针向缺电子目标物的基态提供电子。因此，传感器以供体-受体（D-A）型相互作用与目标物接合[85,86]。随后，一些电子以络合物的形式返回基态，导致荧光猝灭，而另一些则返回电子供体，维持荧光发射[87]。例如，Wu 等[88] 设计了一种基于 N 掺杂碳量子点（N-CDs）的新型荧光传感方法，用于高特异性检测肾上腺素。肾上腺素可以与基于 N-CDs 的荧光传感器相互作用，通过光诱导电子转移（PET）产生浓度依赖性荧光猝灭。该方法在 0.5～10 μmol/L 范围内具有良好的线性关系，检出限为 0.15 μmol/L。结构类似物包括去甲肾上腺素都不会对该碳点产生干扰，可见其具有很好的选择性。该方法为肾上腺素的检测提供了一种低成本、快速、简单的新方法，在现场检测中具有良好的应用前景（图 1-8）。

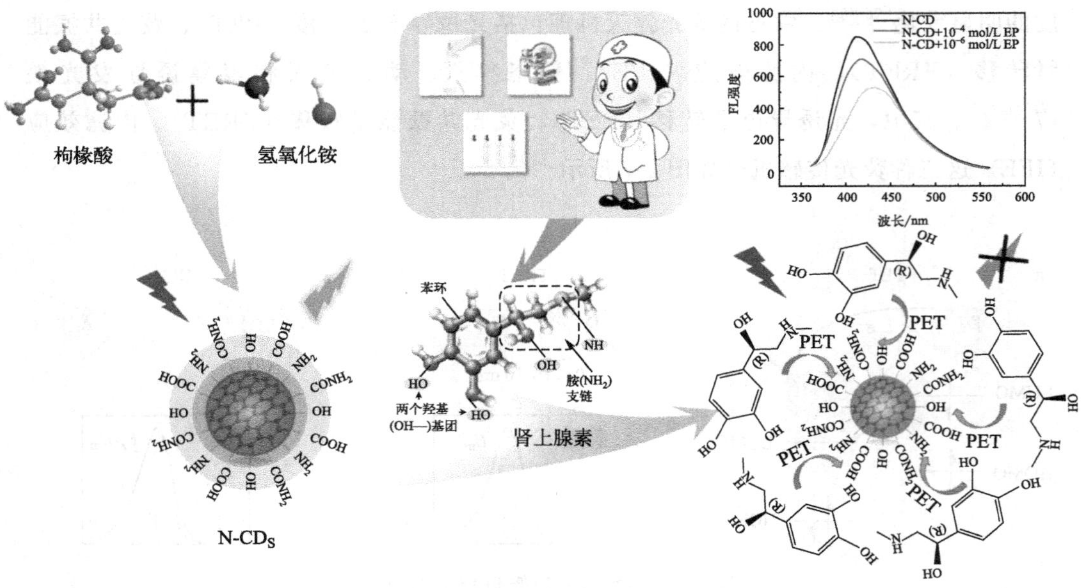

图 1-8　N-CDs 的制备及肾上腺素检测的示意图[88]

1.5.2　荧光共振能量转移（FRET）

FRET 构成了一种涉及偶极-偶极耦合相互作用的非辐射能量传递机理[89]。FRET 的发生取决于荧光探针（供体）的发射光谱和目标分析物（受体）的吸收光谱之间的光谱重叠。同时，供体和受体之间的距离通常应小于 10 nm[90]［图 1-7（b）］。最近的研究越来越多地利用 FRET 机理进行目标物检测，以提高荧光传感器的灵敏度和选择性。例如，Pan 等[91] 开发了基于 Au-Ag 双金属纳米团簇（Au-Ag NCs）快速检测三氯杀螨醇的检测平台。Au-Ag NCs 与三氯杀螨醇的重叠光谱和荧光寿命的降低证明荧光猝灭机理是 FRET 效应。Au-Ag NCs 作为能量供体，三氯杀螨醇作为能量受体。在最佳条件下，基于 FRET 的荧光免疫传感器对三氯杀螨醇做出快速响应，灵敏度为 0.185 ng/mL。该检测平台在三种茶叶样品中也具有优异的特异性和令人满意的回收率。这项研究为现场、便携式和灵敏的检测方法开辟了一条途径（图 1-9）。Sun 课题组[92] 以谷胱甘肽和牛血清白蛋白作为双配体，开发了一种近红外（NIR）红色荧光 Ag/Au 纳米团簇传感器。利用荧光共振能量转移（FRET）机理，Ag^+ 可以诱导 3,3′，5,5′-四甲基联苯胺（TMB）氧化为 oxTMB，这使得 650 nm 处的荧光出现猝灭。没食子酸中的酚羟基会将 oxTMB 还原为 TMB，因此探针的荧光将被“打开”以检测没食子酸。该平台检测番茄样本中没食子酸的回收率为 96.09%～104.7%，误差不超过 3%，检测限低至 38.29 nmol/L。该探针在检测植物中没食子酸含量显示出巨大的潜力，并将有助于更深入地了解植物生理学。Liu 等[93] 开发了一种从荧光素 R6G 到金纳米团簇的新型荧光共振能量转移生物传感器，即以多肽作为模板剂，合成了 Au NCs。该 Au NCs 的激发光谱与 R6G 的发射光谱重叠。Pb^{2+} 会诱导金纳米团簇聚集，导致 R6G 从 Au NCs 中分离出来，随后荧光出现恢复，因此可实现 Pb^{2+} 的定量检测。在 0.002～0.20 μmol/L 的浓度范围内，$F-F_0$ 与 Pb^{2+} 浓度之间存在线性关系，其特征线性方程为 $y=2398.69x+87.87$（$R^2=0.996$）。Pb^{2+} 的检测限为 0.00079 μmol/L（3σ/k），回收率的范围为 96%～104%，相对标准偏差低于 10%。实验结果证明了该生物传感器具有很大的应用价值。

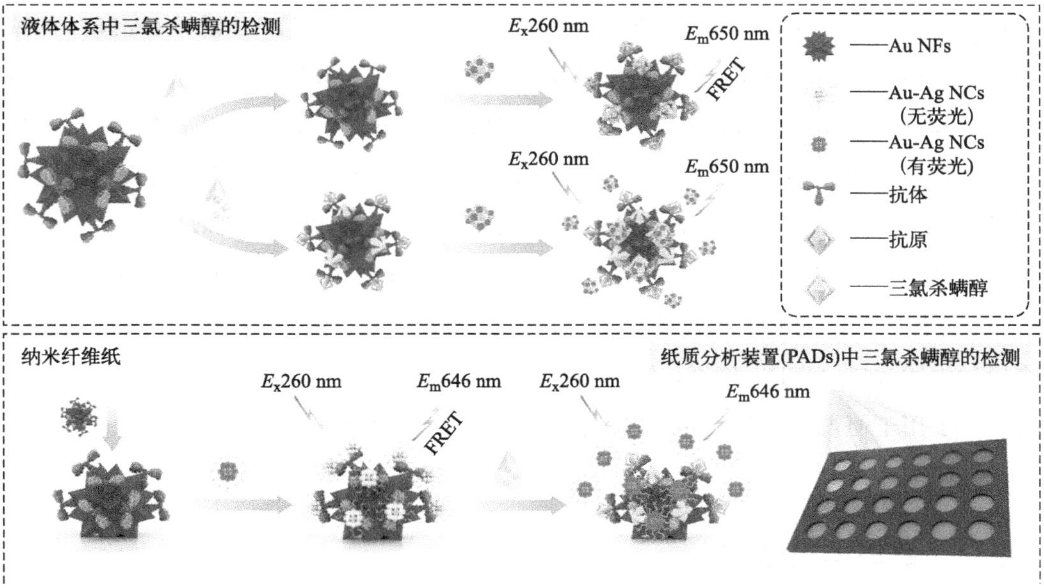

图 1-9　Au-Ag NCs 的制备及三氯杀螨醇检测的示意图[91]

1.5.3 内滤效应（IFE）

IFE通常是指系统内荧光团的激发光或发射光被目标物竞争性吸收，导致荧光团荧光强度降低的现象[94,95]。IFE与FRET有相似之处，因为它也依赖于足够的光谱重叠，其中荧光探针的激发或发射光谱与分析物的吸收光谱重叠。然而，与FRET不同，IFE不是由辐射能的转移引起的，因此不会导致荧光寿命缩短。此外，IFE不受荧光团和分析物之间紧密接近的要求的限制[96] [图1-7(c)]。由于其易于构造，IFE在药物探测中也具有广泛的用途。例如，在四环素的检测中，IFE得到广泛应用。Zhang等[97] 以胰蛋白酶为稳定剂合成了荧光铜纳米团簇，并将其应用于四环素的测定。制得的铜纳米团簇的颗粒均匀分散，平均粒径为（3.5±0.3）nm，具有良好的水溶性、紫外光稳定性和盐稳定性等优点。基于静态猝灭和内滤效应（IFE），其在460 nm处的荧光被四环素猝灭。线性范围为1～300 μmol/L，检测限为0.084 μmol/L。同时，该纳米探针对四环素检测表现出良好的选择性，成功用于测定血清和牛奶样本中的四环素含量。结果表明，该铜纳米团簇具有良好的应用前景。Zheng等[98] 以单宁酸为模板剂合成了铜纳米团簇。为了提高Cu NCs的荧光特性，采用十六烷基三甲基溴化铵（CTAB）改性从而能够提高探针的灵敏度、选择性和传感性能。由于CTAB和Cu NCs之间的静电相互作用，CTAB诱导Cu NCs的聚集，并利用聚集诱导发光（AIE）机理实现了荧光信号的增强。线性检测范围为5～130 μmol/L，检测限为65 nmol/L，检测机理是内滤效应。该方法用于检测实际水样中的四环素，操作更方便、准确度高、选择性好，在检测四环素方面具有良好的应用前景。Yuan等[99] 开发了一种双响应比率荧光传感器，能够简单灵敏地检测四环素。该传感器是通过将铕离子（Eu^{3+}）固定在巯基丙酸稳定的铜纳米团簇（MPA-Cu NCs）上构建的。加入四环素后，Eu^{3+}的红色荧光增强，而MPA-Cu NCs的绿色荧光通过内滤效应（IFE）猝灭，同时探针溶液的荧光颜色从绿色变为红色。此研究成功设计了用于便携式检测的智能手机辅助比色分析平台（图1-10）。

1.5.4 静态猝灭效应

该机理是指荧光分子和分析物之间形成不发光的基态配合物，或者激发态的荧光分子形成有效的猝灭球状模型。例如，Wang等[100] 基于铜纳米团簇构建了一种用于

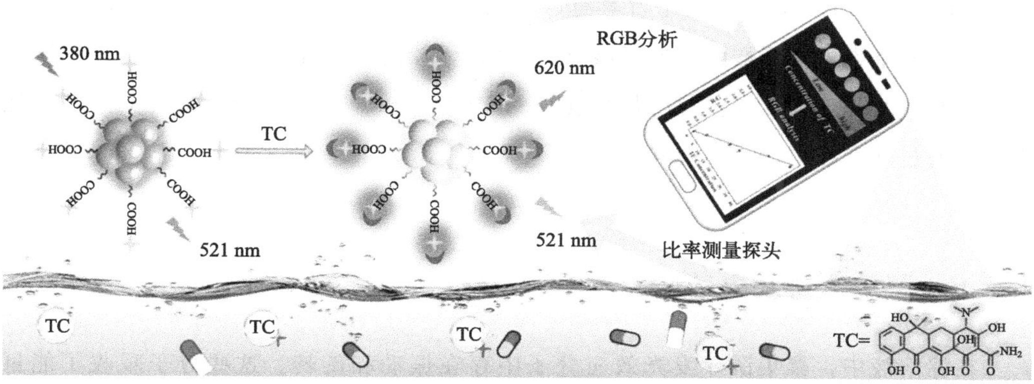

图 1-10 Cu NCs 的制备及四环素检测的示意图[99]

桑色素的荧光传感平台。以 $CuCl_2$ 为金属前驱体、胰蛋白酶为保护剂和水合肼为还原剂制备铜纳米团簇。该团簇以荧光“关闭”现象来检测桑色素，其荧光猝灭机理为静态猝灭和内滤效应。该平台检测桑色素的线性检测范围为 0.5～150 μmol/L，检测限为 0.083 μmol/L。此外，该纳米传感器还可以应用于温度传感，为开发新的桑色素检测模型开辟新的视野。Feng 等[101] 开发了基于铜纳米团簇的乙基香兰素传感器。研究表明，4-巯基苯甲酸（4-MBA）封装的铜纳米团簇（4-MBA-Cu NCs）能够灵敏地检测乙基香兰素。其荧光猝灭机理为静态猝灭和内滤效应。线性范围为 0.1～5.1 μmol/L，检测限为 30 nmol/L。Zhang 等[102] 以鞣酸（TA）为保护剂和抗坏血酸（AA）为还原剂，通过一锅法制备了铜纳米团簇。该团簇可被木犀草素有效猝灭，机理为静态猝灭和内滤效应，其检测木犀草素的线性范围为 0.2～100 μmol/L，检测限为 0.12 μmol/L。在检测牛血清样品中的木犀草素时表现出良好的回收率，为以后开发新的检测平台打下坚实的基础。

1.5.5 动态猝灭效应

动态猝灭效应是荧光物质的激发态分子通过与猝灭剂分子的碰撞作用，以能量转移或电荷转移的机理丧失其激发能而返回基态。例如，Su 等[103] 以柠檬皮为生物质前驱体，加入枸橼酸溶液和 3-氨基丙基三乙氧基硅烷（APTES），通过一步水热合成法合成了氮硅共掺杂碳点（N，Si-CDs）。N，Si-CDs 具有优异的耐光漂白性、明亮的荧光性能和良好的选择性。Cu^{2+} 引起的探针荧光降低的原因是动态猝灭效应。线性范围为 0.5～250 μmol/L，检测限为 0.43 μmol/L。在实际样品中，Cu^{2+} 的回收率为 99.4%～102.1%，表明该平台具有广阔的应用前景。Long 等[104] 使用多巴胺和表没食子儿茶素没食子酸酯合成了碳点，并用于测定次氯酸盐。次氯酸盐可以猝灭碳点的荧光，其强度降低与次氯酸盐浓度在 0.5～50 μmol/L 范围内呈线性关系，荧光猝灭是通过动态猝灭过程实现的。

1.5.6 聚集诱导发光效应

在稀溶液中，聚集诱导发光效应分子中存在振动和旋转。这些分子吸收了能量后，各种振动和旋转分别消耗了能量，所以发出的荧光强度减弱。当离子的引入引起分子聚集时，分子之间的相互作用限制了分子的内部运动，减少了非辐射跃迁的能量消耗，从而表现出光发射增强的现象[105,106]。例如，Sun 等[107] 合成了具有聚集诱导发光（AIE）特性的谷胱甘肽修饰的金纳米团簇（GSH-Au NCs），并通过自组装将其封装在 ZIF-8 框架内，制备了 GSH-Au NCs/ZIF-8 传感器。该方法通过两个方面提高了 Au NCs 的荧光效率和稳定性：GSH-Au NCs 的 AIE 效应和 ZIF-8 框架的限制效应，改善了 GSH-Au NCs 分子内运动（RIM）的限制。构建的 GSH-Au NCs/ZIF-8 传感器具有很强的荧光响应和对 Cu^{2+} 的显著特异性，以及可靠的储存稳定性。在 0.1～50.0 μmol/L 的浓度范围内该传感器对 Cu^{2+} 表现出良好的线性响应，检测限为 0.08 μmol/L。该荧光探针为提高 Au NCs 在环境和食品污染物监测中的荧光效率提出了一种有效的策略。Zhao 等[108] 通过聚集诱导发光效应制备了 D（—）-青霉胺（DPA）封端的双金属金/铜纳米团簇（DPA-Au/Cu NCs），并用于快速检测艾迪注射液中绿原酸的含量。添加绿原酸后，DPA-Au/Cu NCs 的聚集状态通过氢键形成和配体交换被破坏，导致荧光猝灭。绿原酸的线性检测范围为 12.5～200 μg/mL，检测限为 3.75 μg/mL，该研究为药物和临床样品中绿原酸的检测提供了丰富的选择（图 1-11）。

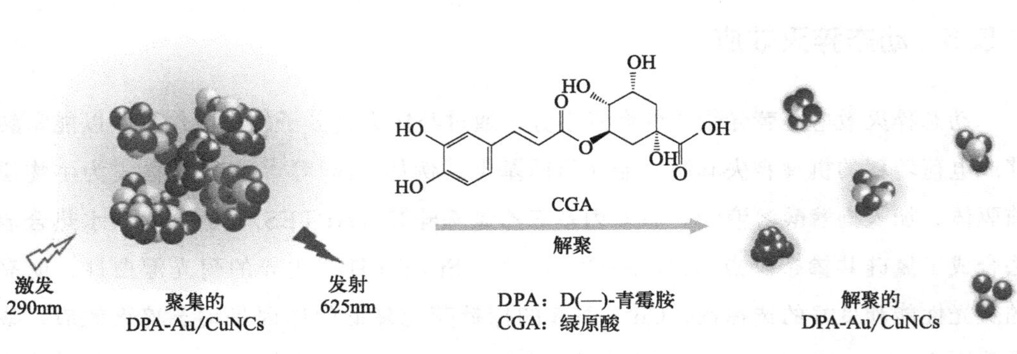

图 1-11 DPA-Au/Cu NCs 的制备及绿原酸检测的示意图[108]

1.6 金属纳米团簇的应用

金属纳米团簇因其制备方法简便，物理、化学及光学性能独特而受到研究者们的关注，其在化学传感、生物成像、药物递送等领域得到广泛的应用，如图 1-12 所示[109]。

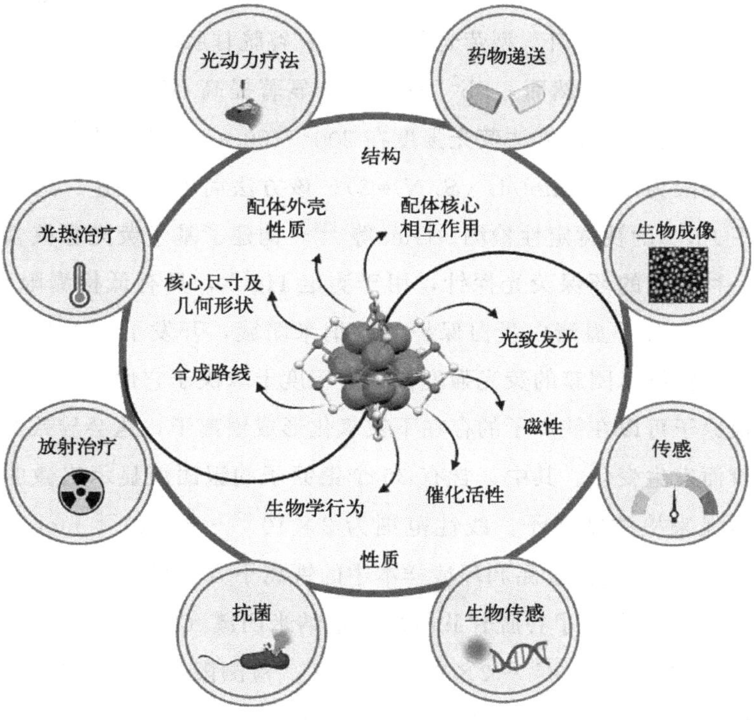

图 1-12 金属纳米团簇的应用示意图[109]

1.6.1 化学传感

金属纳米团簇由于固有的光学性能、高灵敏性、快速检测、合成方法简便等优势，在金属、非金属离子及药物分子检测等方面展现出优异的应用潜力。小尺寸、大比表面积和富含活性官能团的特性使得金属纳米团簇与目标物之间容易产生相互作用，从而使得金属纳米团簇的荧光强度增强或者减弱[110]。基于此，可建立不同的荧光传感平台。

从发射信号角度来看，金属纳米团簇主要有单发射和双发射两种类型。目前大部分金属纳米团簇的荧光是基于单发射信号的变化，然而其容易受到浓度、周边环境和激发光强度的影响，从而使得其检测的精准度在一定程度上有所降低[111]。相比于单发射信号，双发射信号的金属纳米团簇可以克服以上缺点，通过比较两个信号的强度变化，可以提供对环境干扰的自校准，从而大大降低误差的影响[112]。

(1) 检测金属离子

由于金属离子（尤其重金属离子）具有较高的毒性，对人们的生产生活造成一定的危害，因此检测金属离子的含量是非常重要的。Han 课题组[113] 建立了一种基于聚集诱导发光的 Pb^{2+} “开启”型荧光分析方法。谷胱甘肽保护的铜纳米团簇（GSH-Cu NCs）几乎没有荧光，然而，Pb^{2+} 存在下会显著提高 GSH-Cu NCs 的荧光强度，并显示明亮的橙色荧光。该方法荧光强度在 200～700 μmol/L 范围内与 Pb^{2+} 浓度呈线性关系，检测限为 106 μmol/L（$S/N=3$）。该方法简单、快速、选择性高，还可用于紫外灯下 Pb^{2+} 的视觉定性检测。Guo 等[114] 构建了基于荧光寡核苷酸稳定的银纳米团簇的一种新型的环保荧光探针，用于测定 Hg^{2+}，具有低检测限和高选择性。Gao 课题组[115] 基于牛血清白蛋白保护的银纳米团簇，开发了一种荧光增强方法用于检测铁离子。银纳米团簇的荧光强度在很大程度上取决于它们的尺寸。此外，银纳米团簇中的银原子可以在铁离子的存在下被氧化形成银离子，这会导致荧光强度因形成小纳米团簇而发生变化。其中，含有 30 个银原子的银团簇显示出微弱的荧光，可以基于荧光增强来检测铁离子。线性范围为 2×10^{-8}～5×10^{-5} mol/L，检测限为 10 nmol/L。该方法在检测食品和环境样本中的铁离子方面显示出良好的潜力。Chen 等[116] 采用声化学法制备了谷胱甘肽封端的银纳米团簇（GSH-Ag NCs），并用于检测 Fe^{3+}。线性范围为 5×10^{-7}～2×10^{-5} mol/L，检测限为 1.2×10^{-7} mmol/L。该方法还用于检测人血清样本中的血清铁含量，回收率为 84.12%～101.70%。此外，还观察到 Ag NCs 探针的一种有趣的荧光信号“关-开”现象。添加 Fe^{3+} 溶液后，Ag NCs 探针的荧光出现“关闭”；再添加 EDTA 溶液后，Ag NCs 探针的荧光出现“打开”。该特性使探针能够构建实用且可重复使用的传感器。综上所述，基于功能化银纳米团簇的荧光探针作为传感平台在生物和分析检测领域具有巨大的应用潜力。Yang 等[117] 通过一锅还原法成功合成了具有良好光稳定性的谷胱甘肽保护的银纳米团簇（GSH-Ag NCs）。GSH-Ag NCs 的平均直径为 1.6 nm，呈红色荧光（$\lambda_{em}=650$ nm），具有激发独立性。铅离子与 GSH-Ag NCs 相互作用使得其荧光增强。在最佳参数下，线性范围为 10～250 μmol/L（$R^2=0.9900$）和 400～1000 μmol/L（$R^2=0.9930$）。此外，在紫外光下观察到显著的荧光颜色变化，可实现 Pb^{2+} 的半定量视觉检测（图 1-13）。

Han 等[118] 提供了一种简单快速合成银纳米团簇（Ag NCs）的方法。在该方法中，使用聚丙烯酸（PAA）作为模板剂，通过辐射还原将银离子还原为银纳米团簇。PAA-Ag NCs 的平均粒径为（1.98±0.79）nm，具有良好的荧光稳定性。此外，Cr^{3+} 能够使得 PAA-Ag NCs 的荧光出现猝灭现象，因此建立了一种简单有效的检测 Cr^{3+} 的方法。

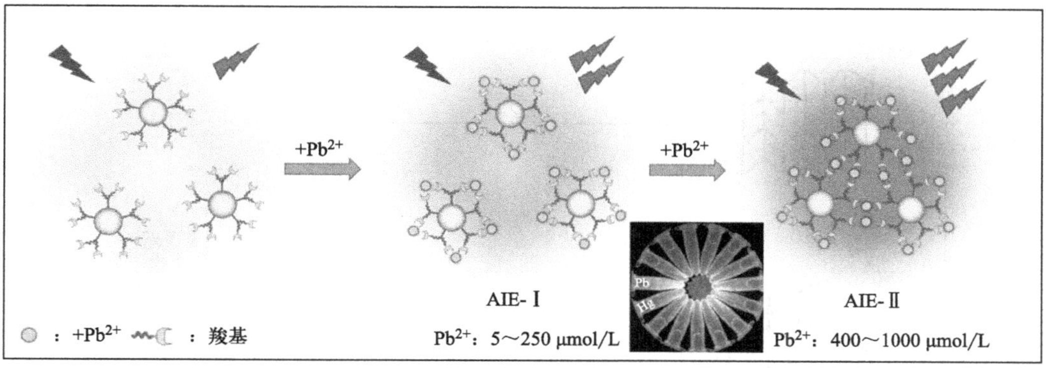

图 1-13　GSH-Ag NCs 的制备及 Pb^{2+} 检测的示意图[117]

（2）检测非金属离子

金属纳米团簇还可以用于检测非金属离子。例如，Cao 等[119] 合成了鞣酸包覆的铜纳米团簇（TA-Cu NCs）并用于定量分析海带中的碘含量。与其他检测方法相比，该方法表现出优异的性能。碘的线性范围为 20～100 μmol/L，检测限为 18 nmol/L。该探针可用于实际样品中碘含量的测定，结果可靠准确。此外，采用 Stern-Volmer 方程和热力学计算研究了荧光猝灭机理。Zhou 等[120] 通过超声化学方法使用谷胱甘肽作为稳定剂制备了发蓝光的银纳米团簇（Ag NCs）。该 Ag NCs 可用于选择性检测 S^{2-}，检测限为 2 nmol/L。Abhay Sachdev 等[121] 报道了一种使用金纳米团簇（Au NCs）检测亚硫酸盐（SO_3^{2-}）的简便方法。Cu^{2+} 存在下 Au NCs 的荧光出现猝灭，再添加 SO_3^{2-} 后荧光恢复。Cu^{2+} 辅助荧光“开启”检测 SO_3^{2-} 的方法具有很高的灵敏度，SO_3^{2-} 浓度在一定范围内表现出良好的线性响应。与其他竞争性阴离子分析物相比，该传感系统对 SO_3^{2-} 具有高选择性，从而表现出很高的可靠性。此外，还开发了荧光 Au NCs 水凝胶，为检测水溶液中 SO_3^{2-} 的固体传感平台提供了一条新道路（图 1-14）。Zhou 课题组[122] 使用谷胱甘肽为稳定剂和抗坏血酸为还原剂合成了高量子产率（8.6%）的荧光铜纳米团簇（Cu NCs），具有良好的水溶性和超小尺寸。研究表明，亚硝酸根离子的线性范围为 10～225 μmol/L，检测限为 3.4 μmol/L。该方

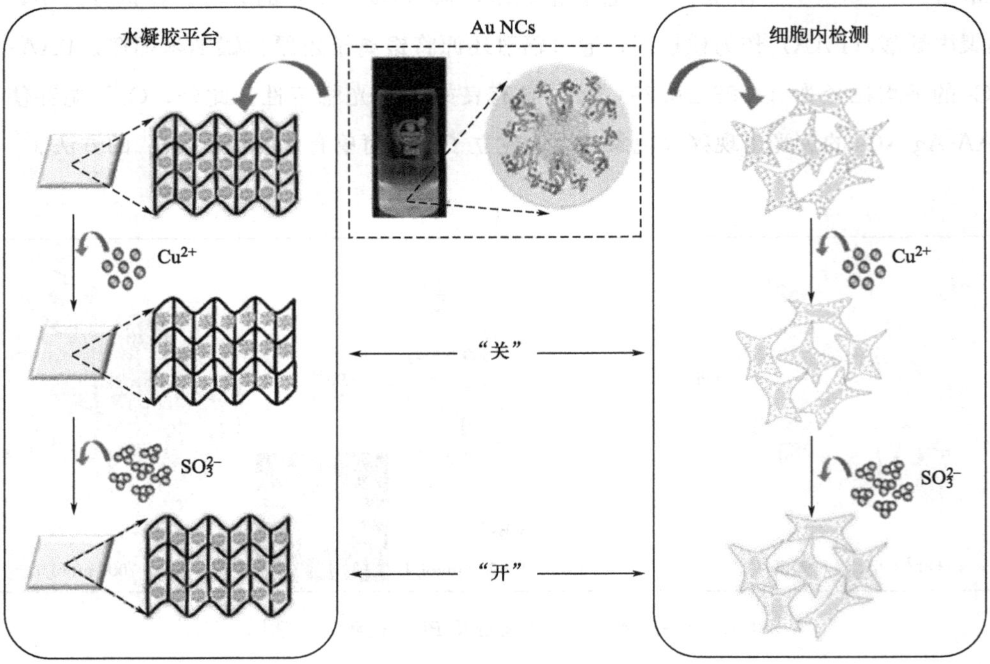

图 1-14　Au NCs 的制备及 SO_3^{2-} 检测的示意图[121]

法已成功应用于测定实际水样中的亚硝酸根离子。

（3）检测生物小分子

过氧化氢（H_2O_2）在多个领域中具有重要的应用，例如消毒杀菌、抗炎和止血、治疗口腔感染、漂白和处理污水等。因此，准确掌握 H_2O_2 的含量至关重要。Wen 等[123] 开发了聚乙烯亚胺封端的银纳米团簇（PEI-Ag NCs）并用于高灵敏度测定过氧化氢和葡萄糖。PEI-Ag NCs 的平均尺寸为 2 nm，在 455 nm 处显示发射蓝色荧光信号。PEI-Ag NCs 的荧光可以被 H_2O_2 特异性猝灭，PEI-Ag NCs-H_2O_2 系统可用于检测葡萄糖。在最佳条件下，H_2O_2 的检测线性范围为 0.5～100 μmol/L，检测限为 400 nmol/L；葡萄糖的检测线性范围为 1.0×10^{-6}～1.0×10^{-5} mol/L 和 1.0×10^{-5}～1.0×10^{-3} mol/L，检测限为 8.0×10^{-7} mol/L。用该方法检测人血清样本中的葡萄糖，结果令人满意。Wen 等[124] 采用功能化荧光金纳米团簇检测过氧化氢。以辣根过氧化物酶（HRP）作为功能模板，合成 HRP-Au NCs。研究表明，H_2O_2 可以猝灭 HRP-Au NCs 的荧光。在最佳条件下，H_2O_2 的线性范围为 0.1～100 μmol/L，具有高灵敏度（LOD＝30 nmol/L，S/N＝3）。这项研究可能会扩展到利用其他功能性蛋白质合成双功能纳米团簇，并应用于实时监测活细胞中的生物重要靶点（图1-15）。Wang课题组[125]制备了牛血清白蛋白稳定的铜纳米团簇（BSA-Cu NCs），并用于灵敏检测水和大鼠血清中的H_2O_2。出乎意料的是，BSA-Cu NCs分别在450 nm和620 nm处显示出发射峰，并具有出色的抗光漂白性和耐盐性。在最佳的检测条件下，H_2O_2可以降低BSA-Cu NCs 620 nm处的荧光信号，增强450 nm处的信号，同时探针的颜色从红色变为蓝色，从而实现了H_2O_2荧光比率和可视化检测。F_{450}/F_{620}在0～100 μmol/L的范围内与H_2O_2浓度呈线性正比，检测限为0.082 μmol/L。在大鼠血清加标实验中，表现出优异的回收率。同时BSA-Cu NCs没有细胞毒性。因此，BSA-Cu NCs作为荧光探针具有潜在的应用前景。

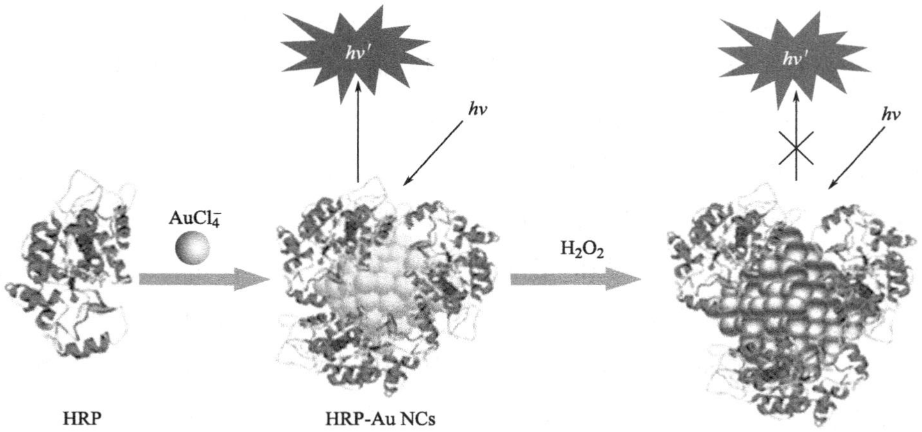

图1-15 HRP-Au NCs的制备及H_2O_2检测的示意图[124]

谷胱甘肽（GSH）能帮助维持正常的免疫系统功能，并具有抗氧化和整合解毒作用。谷胱甘肽分子中的巯基为其活性基团，易与某些药物、毒素等结合，从而发挥整合解毒作用。谷胱甘肽不仅可用作药物，还可作为功能性食品的基料，在延缓衰老、增强免疫力、抗肿瘤等功能性食品中得到广泛应用。因此，定量检测谷胱甘肽具有重要的意义。例如，Li课题组[126]通过简单的化学还原法合成了谷胱甘肽稳定的铜纳米团簇（GSH-Cu NCs）。GSH-Cu NCs显示出蓝色荧光，发射峰在450 nm左右。当存在对苯醌（PBQ）时，通过电子转移PBQ能够猝灭GSH-Cu NCs的荧光。GSH作为还原剂，可以与PBQ形成复合物，抑制GSH-Cu NCs荧光的猝灭，从而恢复其荧光。GSH的线性范围为0.06～6.0 μmol/L，检测限为20 nmol/L。该方法操作简便、灵敏度高、选择性好。Zhang等[127]基于DNA稳定的金纳米团簇，开发了一种简单、高灵敏度检测GSH的新型荧光方法。结果显示，GSH能够显著猝灭团簇的荧光，这主要是由碰撞（动态）猝灭引起的。GSH 的线性范围为 0～0.1 μmol/L，检测限为 0.018 μmol/L。该探针为开发简单、快速和灵敏的生物传感器提供了一种新方法。Zhai 等[128] 开发了一种用于检测 GSH 的“关-开”型荧光传感器。由于金银两个原子的协同效应，Au-Ag NCs 的荧光强度比纯 Au NCs 高出约 2.7 倍。$S_2O_8^{2-}$ 的强氧化性能够使得 Au-Ag NCs 荧光发生猝灭，从而破坏 Au-Ag NCs 的结构。然而，GSH 可以与 $S_2O_8^{2-}$ 反应并诱导荧光恢复。GSH 浓度的线性范围为 1～100 μmol/L 和 0.1～10 mmol/L，检测限为 200 nmol/L。GSH 检测系统简单、灵敏度高、选择性强，对人血清中 GSH 的检测具有良好的回收效果，表明其在综合生物检测系统中具有广阔的应用前景。

抗坏血酸（AA）是一种水溶性的维生素，可以参与机体复杂的代谢过程，能促进生长和增强对疾病的抵抗力，可用作营养增补剂、抗氧化剂，也可用作小麦粉改良剂。因此，有必要精确检测 AA 的浓度。Yan 等[129] 以谷胱甘肽为模板，通过化学还原法合成了金纳米团簇。其荧光激发和发射波长分别为 375 nm 和 565 nm。在亚铁离子和过氧化氢的存在下，荧光会被猝灭，并随着抗坏血酸的加入而恢复。根据荧光回收率，该团簇可用于抗坏血酸的定量分析。其荧光强度与抗坏血酸浓度呈正相关。检测限为 200 μmol/L，线性范围为 350～700 μmol/L。它为抗坏血酸的检测提供了一种简单的方法。Meng 课题组[130] 利用蛋白质稳定的金纳米团簇开发了一种灵敏的抗坏血酸荧光检测方法。金纳米团簇的荧光信号可以被碘有效地猝灭。抗坏血酸能够抑制这种猝灭，从而使得荧光恢复。抗坏血酸的线性范围为 0.1～10 μmol/L，检测限为 22 nmol/L。该方法成功应用于实际样品中抗坏血酸含量的分析。

1.6.2 生物成像

荧光技术的发展有助于人们对生物过程的具体变化情况得到深入的理解，包括生物体内小分子的转移、细胞的功能和细胞内的生化反应等。近年来，金属纳米团簇因其尺寸小、比表面积大、荧光发射波长可调、斯托克斯位移大、抗漂白、生物相容性好等特定的性质，在细胞成像和疾病治疗等领域得到了广泛的应用。

pH 和温度是细胞和环境的两个重要特征，在细胞功能的调节、诊断和治疗中都起着关键作用。因此，开发实时检测 pH 和温度的生物传感器具有重要意义，其中，蛋白质保护的双金属纳米团簇在生物传感器的构建中得到了广泛的应用。Shamsipur 等[131] 以胰岛素为模板剂，通过一锅法首次合成了 Au-Ag 纳米团簇（Ins-Au/Ag

NCs)。Ins-Au/Ag NCs的两个发射波长分别为410 nm和630 nm。在pH为6.0～9.0和温度为1～71 °C的范围内，Ins-Au/Ag NCs表现出优异的细胞内传感和成像能力。Ins-Au/Ag NCs探针显示出优异的生物相容性和细胞膜通透性，已经成功地用作HeLa和HFF细胞中比率型pH和温度检测的探针。此外，这种双发射纳米探针能够区分癌症细胞和正常细胞（图1-16）。

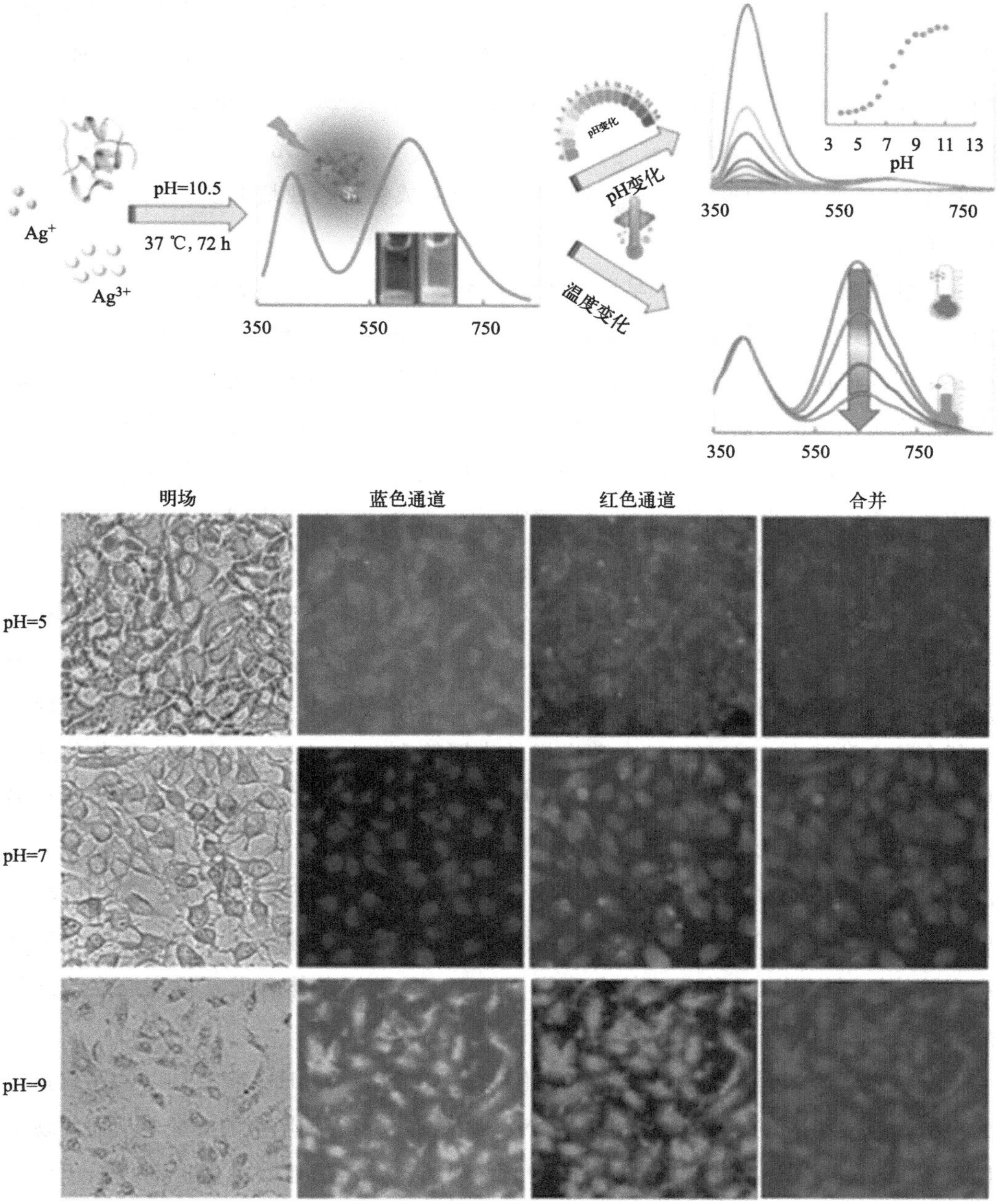

图1-16 Ins-Au/Ag NCs的制备及其用于细胞成像[131]

被用于监测细胞内活性氧的生物成像探针，对细胞生物学的研究具有重要意义。Jia 等[132] 开发了多肽封端的银/金纳米团簇（peptide-Ag/Au NCs）并用于次氯酸盐（ClO^-）的溶酶体靶向成像。peptide-Ag/Au NCs 的荧光强度和量子产率远高于多肽封端的金纳米团簇和银纳米团簇。peptide-Ag/Au NCs 可作为溶酶体靶向体，通过荧光成像检测活细胞溶酶体中的 ClO^-。

荧光金纳米团簇成为一种极具吸引力的生物敏感和成像材料，尤其是在癌症的早期诊断中。Pan 等[133] 通过一锅法合成了新型蛋氨酸包覆的金纳米团簇（Met-Au NCs）。Met-Au NCs 显示出优异的细胞成像特异性：与 Met-Au NCs 孵育 1 小时后，癌症细胞（包括 A549、HeLa、MCF-7、HepG2）呈黄色荧光，而正常细胞（WI-38 和 CHO）无荧光。根据一系列的对照实验，该高成像选择性是由于癌症细胞对 L 型氨基酸转运蛋白的特异性识别。

癌症细胞的靶向成像对于早期诊断至关重要。黏蛋白是一种跨膜蛋白，在癌症细胞中可以被表达，被认为是癌症靶点。近年来，适配体对黏蛋白的特异性识别越来越受到关注。Feng 等[134] 使用 DNA MUC1 适配体作为保护剂和靶分子，通过一步法合成超小荧光金纳米团簇（MUC1-Au NCs）。MUC1-Au NCs 在宽 pH 范围和强光照下表现出优异的稳定性。共聚焦图像显示，MUC1-Au NCs 可以有效靶向过表达 4T1 癌症细胞中的黏蛋白，但在 293T 正常细胞中未观察到。研究表明 MUC1-Au NCs 是一种有前景的细胞靶向标记和成像荧光探针。

microRNA 作为肿瘤抑制剂，已被公认为下一代肿瘤治疗方法。使用 microRNA 替代品或模拟物恢复肿瘤抑制 microRNA 可能是一种毒性较小、更有效的策略，因为脱靶效应较少。Chen 等[135] 设计了一种新型的多功能寡核苷酸纳米载体复合物，该复合物由黏蛋白 1（MUC1）、荧光银纳米团簇和 microRNA-miR-34a 负载的互补序列组成。MiR-34a 因其抑制癌基因表达和诱导癌细胞凋亡的治疗作用而被采用。通过监测 Ag NCs 的荧光，可清楚地观察到 MUC1-Ag NCs_m-miR-34a 进入 MCF-7 细胞。通过定量聚合酶链式反应（PCR）和蛋白质印迹法研究了下游 miR-34a 靶点（BCL-2、CDK6 和 CCND1）的基因和蛋白质表达水平，结果表明 miR-34a 对它们具有有效的抑制作用。这种新型的多功能 Ag NCs 基纳米载体有助于提高癌症治疗的疗效。

银纳米团簇和铜纳米团簇同样在细胞成像中得到应用。Hu 等[136] 以金属硫蛋白为模板剂合成了 MT-Ag NCs。MT-Ag NCs 附着在 HeLa 细胞中的叶酸上从而实现细胞成像。Hou 等[137] 以 3-羧基苯基硼酸为修饰剂、聚乙烯亚胺为保护剂合成了比率型荧光铜纳米团簇（CPBA@PEI-Cu NCs），并用于灵敏和选择性地检测木犀草素。

其细胞毒性非常低。此外，CPBA@PEI-Cu NCs 成功用于 HepG2 细胞成像和 pH 响应的药物递送。

1.6.3 药物递送

金属纳米团簇还可以作为载体，与药物结合起来，形成多功能药物递送的纳米杂交体，以提高药物的转移效率。金属纳米团簇通过其荧光特性可实时跟踪观察药物在病理部位的聚集和活性，这对于评价药物的疗效具有重要意义[138-140]。Su 等[141] 报道了一种基于锆金属有机骨架（Zr-MOF，UiO-66）纳米复合材料的靶向抗肿瘤药物递送系统（DDS），该纳米复合材料嵌入了生物活性银纳米团簇（Ag NCs），使用 AS1411 适配体（Apt）为模板（表示为 UiO-66@Ag NCs@Apt）。UiO-66@Ag NCs@Apt 向细胞内输送抗肿瘤药物多柔比星（DOX）。在共聚焦激光扫描显微镜下，UiO-66@Ag NCs@Apt 可以被靶癌症细胞以高选择性有效地吸收和内化，DOX 的肿瘤靶向递送能力增强。细胞活力测定表明，UiO-66@Ag NCs@Apt 纳米复合材料在 5～50 μg/mL 浓度范围内对 MCF-7 细胞具有较低的细胞毒性，药物制剂具有良好的靶向 DOX 递送和细胞内控制释放能力，从而在体外产生强大的抗肿瘤作用［图 1-17(a)］。He 等[142] 使用超小金纳米粒子（Au NPs）作为药物递送载体来输送奥沙利铂（OX）。Au NPs＋OX 取得了很好的治疗效果。同时，与单独使用低剂量 OX 和 H-OX 治疗的小鼠相比，Au NPs 表现出优异的生物安全性。此药物递送系统有望实现精确的药物递送和控制释放，为临床癌症治疗提供新的前景和方法［图 1-17(b)］。

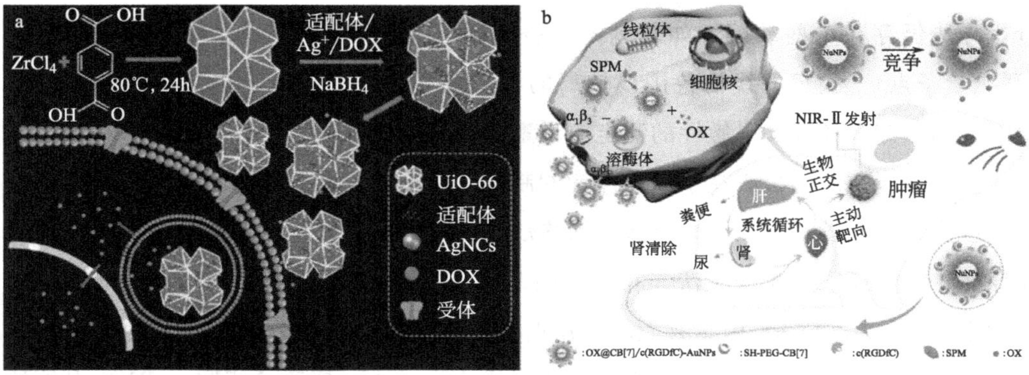

图 1-17　(a) UiO-66@Ag NCs@Apt 输送多柔比星的示意图[141]；
(b) Au NPs＋OX 输送示意图[142]

第2章

聚乙烯亚胺稳定的铜纳米团簇用于检测土霉素

2.1 引言

土霉素是一种广谱抗生素，可从培养链霉菌的培养基中提取。由于其价格低廉，且在治疗狗和猫的呼吸道、尿道、皮肤和软组织感染方面具有很好的效果，因此土霉素已被广泛合成和使用。然而，土霉素的过量使用可能会引发一些副作用，比如过敏反应、外周血变化、重复感染、肝损伤、恶心、呕吐、上腹部不适、腹胀、腹泻等[143,144]。目前检测土霉素的方法主要有酶联免疫吸附试验法、高效液相色谱法、分光光度法、比色法、液相色谱-质谱法、电化学法、荧光法和表面增强拉曼光谱术等[145]。与传统的检测方法相比，荧光分析方法具有很大的优势，比如操作简单、成本低、不需要专业的操作人员、测量时间短、设备价格便宜及维修费低。然而，荧光分析方法仍存在一些缺陷，如苛刻的制备条件（高温和长时间）、使用有害的金属（稀土量子点）、狭窄的线性范围或较高的检测限[146,147]。因此，仍需要继续开发简便、实用、高选择性和灵敏性的测定土霉素的荧光分析方法。

荧光分析方法的核心在于荧光探针的制备。目前，荧光探针的制备方法主要有激光烧蚀法、电化学法、化学氧化法、水热法、微波辅助法、超声波法、模板法、辐射还原法、化学还原和光还原法。在过去的几十年中，荧光金纳米团簇（Au NCs）和银纳米团簇（Ag NCs）因具有大的斯托克斯位移、超小粒径分布和优异的生物相容性等特性，受到科研工作人员的大量分析和研究。其中，聚乙烯亚胺（PEI）保护的 Au NCs 和 Ag NCs 因其高量子产率稳定性和强荧光性而得到更多的研究[148]。这些 PEI 封端的 Au NCs 和 Ag NCs 因其优异的化学、物理和光学性能而被广泛用于化学检测和生物成像[149]。此外，非贵金属铜来源广泛和价格低廉，在日常生活和工业中已被广泛使用。因此，铜纳米团簇（Cu NCs）的制备引起了越来越多的关注[150]。作为过渡金属元素的一种，铜与金或银具有相似的特征，这为制备 PEI 封端的 Cu NCs 提供了可能性。事实上，PEI 保护的 Cu NCs 已经通过不同的合成方法被成功制备，并被应用于检测生物小分子[151]。但目前 PEI 保护的 Cu NCs 尚未应用于土霉素的检测。

本章通过简单的一锅法开发了一种用于检测土霉素的荧光探针，即以 PEI 为模板剂、以水合肼为还原剂合成了具有蓝色荧光的铜纳米团簇（PEI-Cu NCs）。PEI-Cu NCs 表现出优异的稳定性，并可以用于检测土霉素。机理研究表明，PEI-Cu NCs 检测土霉素的荧光猝灭机理为内滤效应和静态猝灭效应。此外，PEI-Cu NCs 在检测实际样品中的土霉素含量方面表现良好，具有较大的应用潜力。最后，PEI-Cu NCs 还可用于检测温度（图 2-1）。

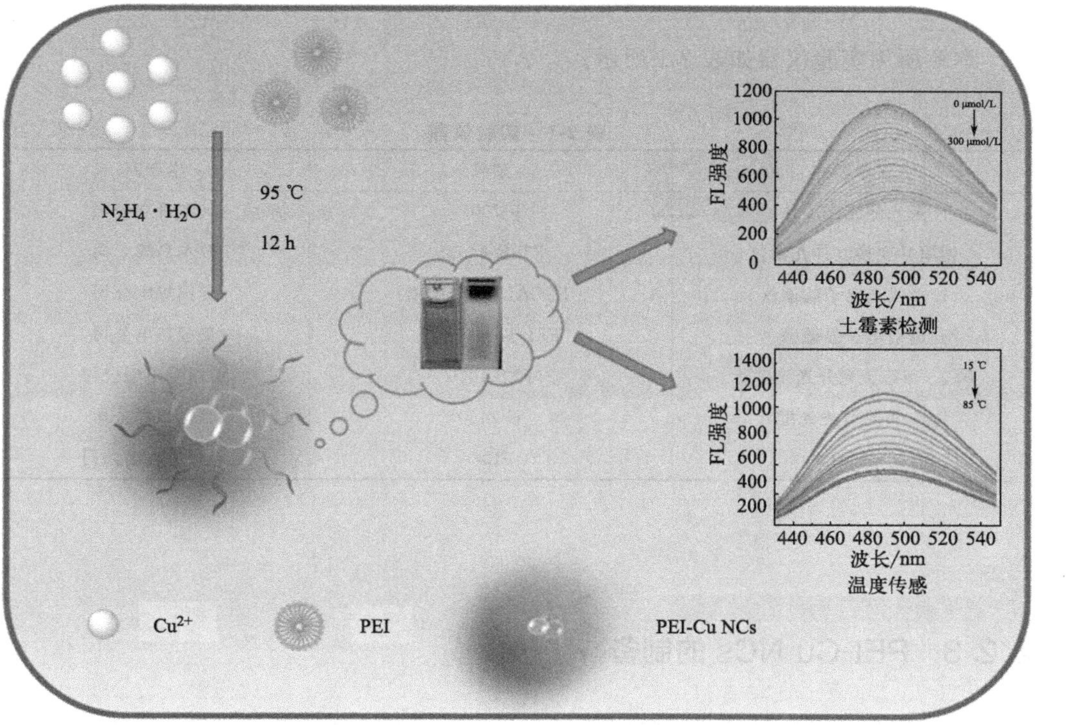

图 2-1 PEI-Cu NCs 的制备及应用示意图

2.2 研究思路与实验设计

2.2.1 实验药品

本章所用实验药品如下：聚乙烯亚胺（PEI，M_W＝10000 Da）、水合肼（80%）、氯化铜、氯化钠、氯化钾、氯化锰、氯化镁、氯化钙、氯化锌、氯化铝、溴化钾、碘化钾、碳酸氢钠、醋酸钠、链霉素、青蒿素、青霉素钾、盐酸林可霉素、抗坏血酸、氢化可的松、甘氨酸、丙氨酸、谷氨酸、半胱氨酸、土霉素，均购自上海阿拉丁生化科技股份有限公司，所有药品均为分析纯。

2.2.2 实验仪器

本章所用实验仪器如表 2-1 所示。

表 2-1 实验仪器

仪器名称	型号	生产商
荧光分光光度计	F-7000	日本日立公司
傅里叶变换红外光谱仪	FTIR-8400S	日本岛津公司
X 射线光电子能谱仪	ESCALAB 250XI	美国热电公司
透射电子显微镜	FEI Tecnai F30	美国热电公司
瞬态/稳态荧光分光光度计	FLS-1000	英国爱丁堡公司
紫外-可见分光光度计	U-2450	日本日立公司
pH 计	FE20	上海梅特勒公司

2.2.3 PEI-Cu NCs 的制备

在室温下，将 $CuCl_2$ 溶液（25 μL，0.1 mol/L）和 PEI 溶液（50 μL，0.01 mol/L）分别加到 445 μL 超纯水中，并持续搅拌 5 min 直至完全混合。然后，加入 30 μL 稀释 100 倍的水合肼溶液，在 95 ℃下反应 12 h。混合溶液的颜色在反应过程中逐渐从深蓝色变为浅蓝色，表明 PEI-Cu NCs 制备成功。随后，在室温下，使用透析膜

（M_W：3500 Da）纯化淡蓝色溶液 24 h。最后，将纯化的 PEI-Cu NCs 保存在冰箱里以备后续检测使用[152]。

2.2.4 PEI-Cu NCs 检测土霉素

检测土霉素的流程如下：首先，将 1.0 mL PEI-Cu NCs 和 1.0 mL PBS 溶液（pH=7.0）混合在 5.0 mL 比色管中。然后，将不同浓度的土霉素溶液分别加到上述比色管中，室温下充分反应 90 s。最后，采用荧光分光光度计记录相应的荧光发射谱图。

接着，进行 PEI-Cu NCs 检测土霉素的选择性实验，向 PEI-Cu NCs 溶液中添加不同的参照物质，包括 Na^+、K^+、Mn^{2+}、Mg^{2+}、Ca^{2+}、Al^{3+}、Zn^{2+}、Br^-、I^-、CO_3^{2-}、HCO_3^-、Ac^-、Fe^{3+}、Cu^{2+}、链霉素、青蒿素、青霉素钾、盐酸林可霉素、氢化可的松、甘氨酸、丙氨酸、谷氨酸、半胱氨酸、抗坏血酸、维生素 B_{12}、维生素 B_6、人血清白蛋白和血红蛋白（参照物质的浓度为 300 μmol/L）。在相同检测条件下记录相应的荧光光谱和强度。

2.2.5 实际样品中土霉素的含量检测

实验过程用到的牛血清样品购自上海阿拉丁试剂生物科技有限公司，人血清样品取自太原师范学院校医院，蒙牛牛奶样品从超市购买。这些样品需要进行一系列预处理。首先，采用离心机除去较大颗粒杂质，并采用 PBS 溶液（pH＝7.0）稀释实际样品 100 倍。然后，制备加标样品。最后，采用荧光分光光度计记录加标样品的荧光强度。通过线性方程计算加标样品中土霉素浓度、计算回收率［式(2-1)］和相对标准偏差（RSD）。

$$\text{回收率}=\frac{\text{测量浓度}}{\text{加标浓度}}\times 100\% \tag{2-1}$$

2.2.6 荧光量子产率的计算

根据相关文献[153] 计算 PEI-Cu NCs 的荧光量子产率。所有数据均在 410 nm 的激发波长和 10/10 nm 的狭缝下获得。计算公式如式(2-2) 所示，QY 表示 PEI-Cu NCs 的量子产率，I 表示荧光光谱下的积分面积，η 表示溶剂的折射率，A 是激发波长为 410 nm 下 PEI-Cu NCs 的吸光度。R 表示硫酸奎宁（参照物质）。

$$QY = \frac{I}{I_R} \times \frac{A_R}{A} \times \frac{\eta^2}{\eta_R^2} \times QY_R \tag{2-2}$$

2.3 结果与讨论

2.3.1 PEI-Cu NCs 的表征

采用 TEM 和 XPS 等方法对 PEI-Cu NCs 的结构进行表征。如图 2-2(a) 所示，PEI-Cu NCs 是高度分散的，其形状呈球形。通过统计 100 个纳米颗粒的直径，PEI-

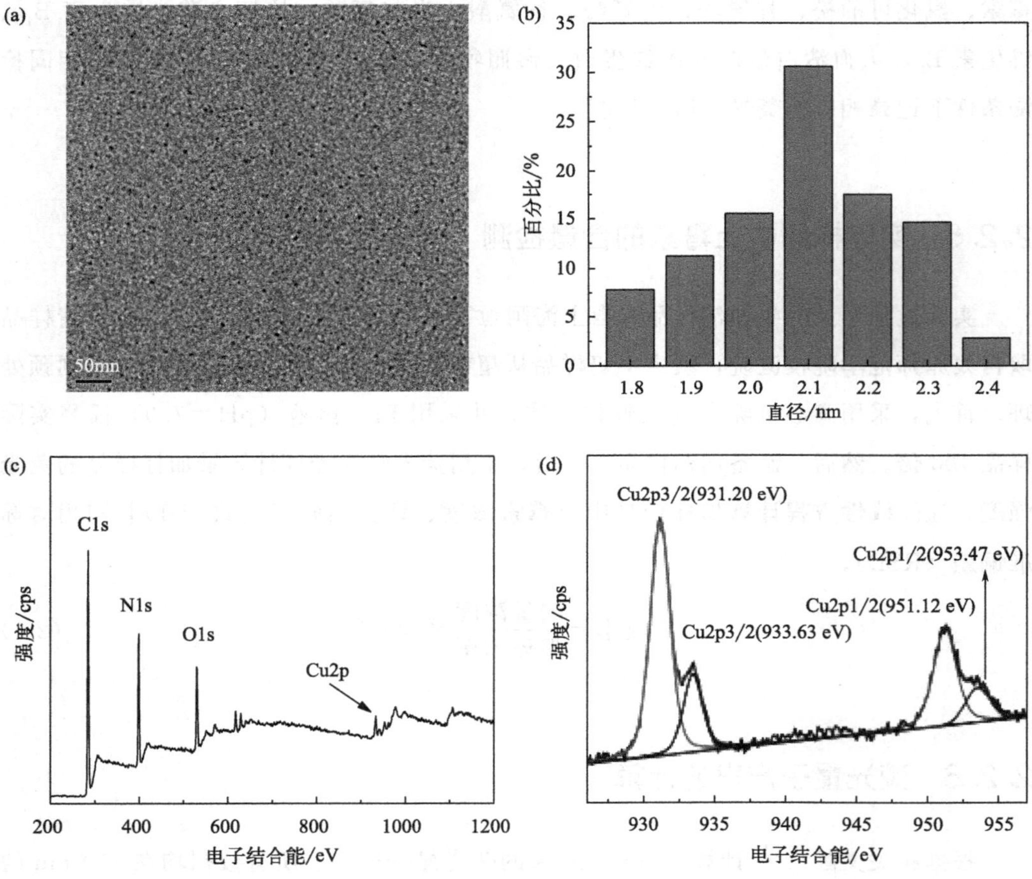

图 2-2 PEI-Cu NCs 结构表征示意图

(a) TEM 图；(b) PEI-Cu NCs 的粒径分布图；(c) XPS 全谱；(d) Cu 的 XPS 单谱

Cu NCs 的平均尺寸为（2.0±0.02）nm［图 2-2(b)］。如图 2-2(c) 所示，在 XPS 的全谱中，C1s、N1s、O1s 和 Cu2p 的电子结合能分别为 284.36 eV、398.13 eV、529.91 eV 和 932.79 eV[154,155]。此外，在图 2-2(d) 中，在 951.12 eV 和 931.20 eV 处的峰为 Cu^0 或 Cu^+，在 953.47 eV 和 933.63 eV 处的峰证明存在 Cu—N 键。可见，PEI-Cu NCs 制备成功。

利用荧光分光光度计对 PEI-Cu NCs 的荧光性质进行分析。图 2-3(a) 为 PEI、$CuCl_2$、水合肼和 PEI-Cu NCs 溶液的发射谱图。与 PEI、$CuCl_2$、水合肼相比，PEI-Cu NCs 在 485 nm 处出现一个荧光强度很强的吸收峰，表明荧光来源于 PEI-Cu NCs。如图 2-3(b) 所示，PEI-Cu NCs 的最大激发波长和发射波长分别为 410 nm 和 485 nm。PEI-Cu NCs 溶液在日光灯下呈现浅蓝色（左边），在紫外灯下呈现亮蓝色荧光（右边）。

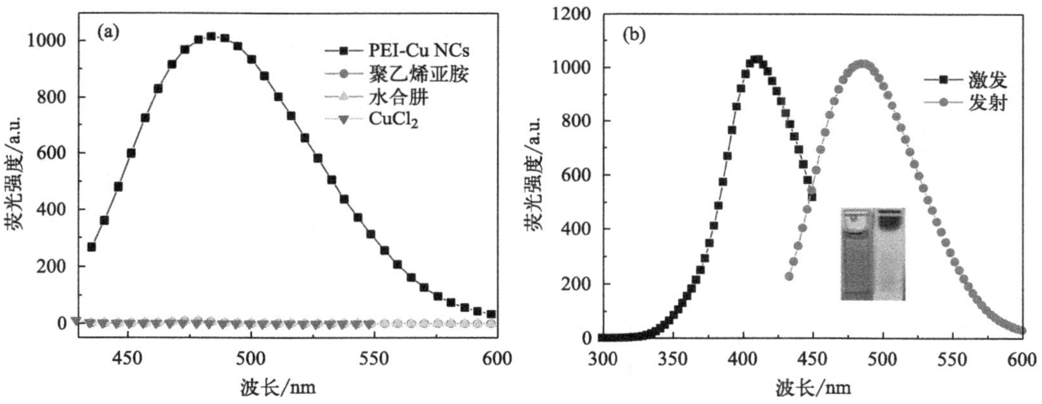

图 2-3　PEI-Cu NCs 的荧光性质

(a) 不同物质的发射谱图；(b) PEI-Cu NCs 的激发和发射谱图

2.3.2 PEI-Cu NCs 的稳定性

众所周知，在复杂的环境中，荧光探针的水溶性和稳定性是非常重要的。因此，好的水溶性和稳定性是 PEI-Cu NCs 得以广泛应用的前提条件。本节研究了储存时间、紫外光照射时间、PEI-Cu NCs 和不同溶剂对 PEI-Cu NCs 稳定性的影响，如图 2-4 所示。首先，研究了储存时间的影响。如图 2-4(a) 所示，PEI-Cu NCs 在 25 ℃下储存 15 d 后，仍保持很强的荧光强度，且没有出现任何减弱。随后，研究了紫外光照射时间对 PEI-Cu NCs 荧光强度的影响，由图 2-4(b) 可见，PEI-Cu NCs 的荧光强度在 365 nm 的紫外光下照射 10 min 后仍然保持稳定，表明 PEI-Cu NCs 具有优异的光稳定性。接着，研究了高离子强度对 PEI-Cu NCs 荧光强度的影响。如图 2-4(c) 所示，即使在 0.25 mol/L NaCl 溶液中，PEI-Cu NCs 的荧光强度仍然没有明显变化，表明 PEI-Cu NCs 在高离子强度条件下仍具有出色的稳定性。最后，研究了不同溶剂对 PEI-Cu NCs 荧光强度的影响。如图 2-4(d) 所示，PEI-Cu NCs 在不同溶剂下保持很好的稳定性。可见，PEI-Cu NCs 具有优异的稳定性，这为其广泛应用打下了坚实的基础。

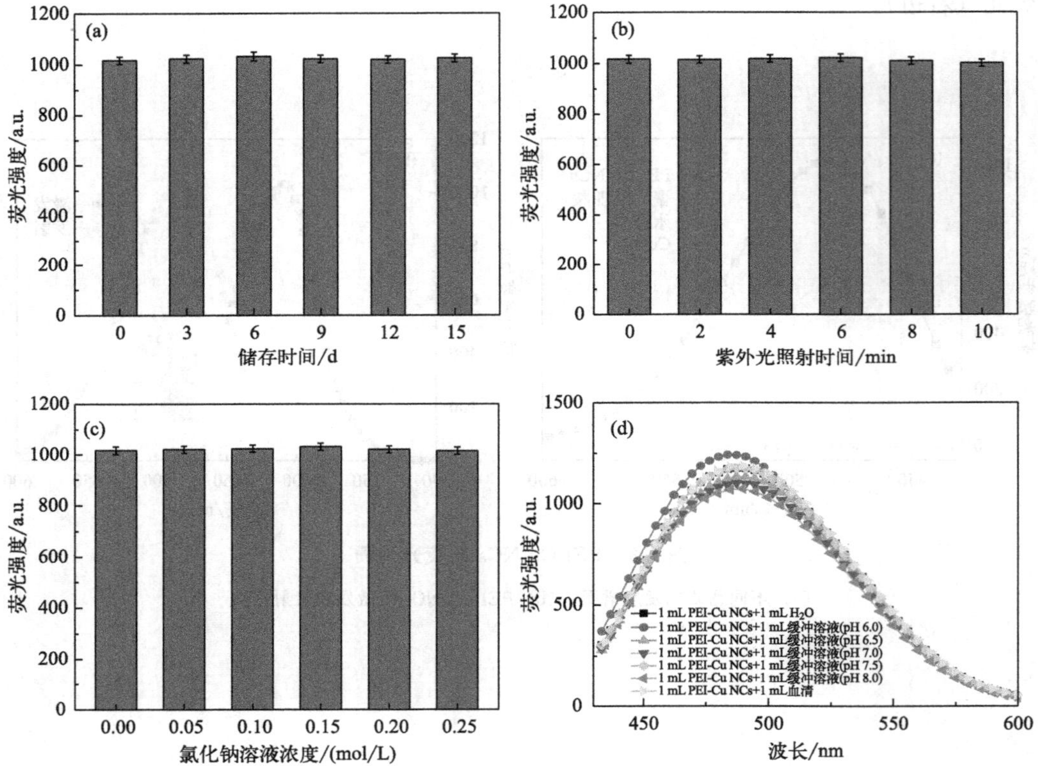

图 2-4　PEI-Cu NCs 稳定性研究

(a) 储存时间的影响；(b) 紫外光照射时间的影响；

(c) 离子强度的影响；(d) 不同溶剂的影响

2.3.3 PEI-Cu NCs 检测土霉素的结果

通过实验探究了 PEI-Cu NCs 测定土霉素的灵敏性。首先，讨论了 pH 值对 PEI-Cu NCs 检测土霉素的影响。如图 2-5(a) 所示，当 pH 值为 7.0 时，PEI-Cu NCs 的荧光猝灭程度达到最大。然后，分别记录了不同反应时间下 PEI-Cu NCs 和 PEI-Cu NCs＋土霉素的荧光强度。如图 2-5(b) 所示，加入土霉素后，PEI-Cu NCs 的荧光猝灭程度很快达到最大，最佳检测时间为 90 s。在最佳的检测条件下进行土霉素的检测实验。如图 2-5(c) 所示，随着土霉素浓度从 0 μmol/L 增加到 300 μmol/L，检测系统的荧光强度逐渐降低。如图 2-5(d) 所示，$\ln(F_0/F)$ 与土霉素浓度（0.5～300 μmol/L）有很好的线性关系。鉴于此，构建了一个线性曲线，相应的线性回归方程为 $\ln(F_0/F)=0.0033[Q]-0.0062(R^2=0.9972)$，其中 [Q] 表示土霉素的浓

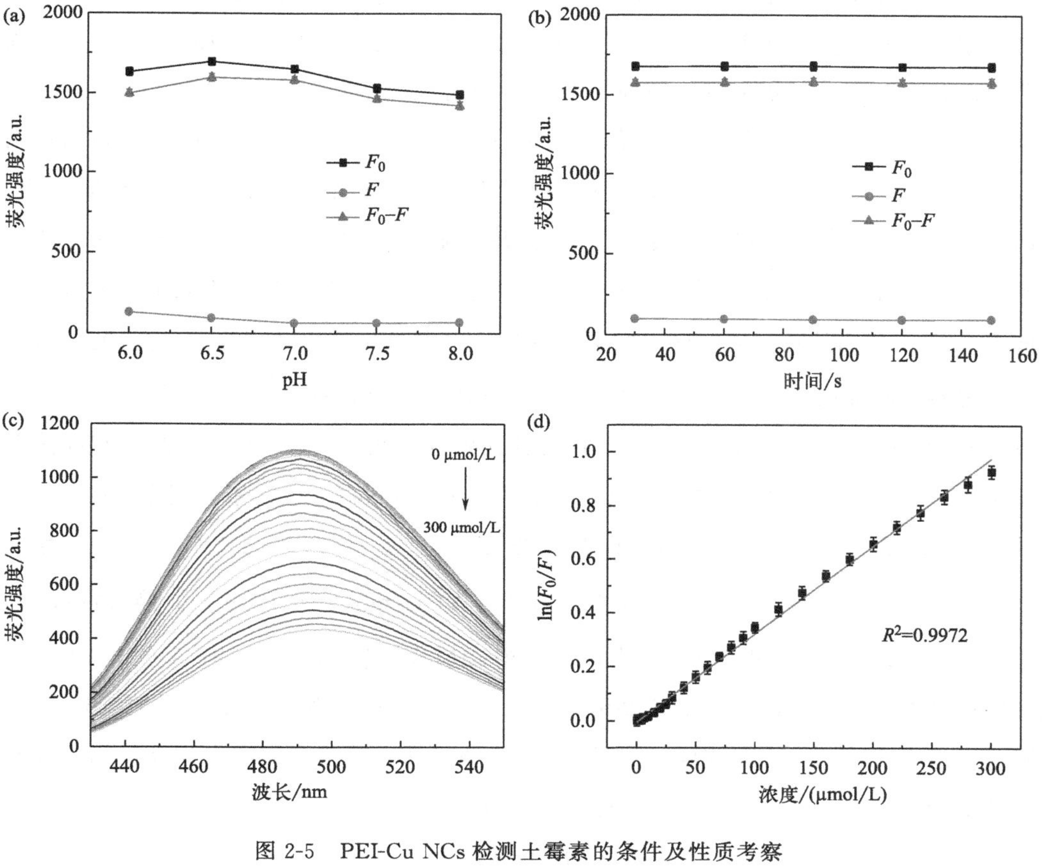

图 2-5　PEI-Cu NCs 检测土霉素的条件及性质考察

(a) pH 对检测的影响；(b) 时间对检测的影响；(c) 不同土霉素浓度下的发射谱图；(d) 线性曲线

度，F_0 和 F 是指 PEI-Cu NCs 和 PEI-Cu NCs+土霉素溶液的荧光强度。根据$S/N=3$，PEI-Cu NCs 检测土霉素的检测限为 0.032 μmol/L，接近或低于已报道的方法。因此，该检测系统为土霉素的分析提供了极大的可行性。

2.3.4 检测机理

本节对 PEI-Cu NCs 检测土霉素的机理进行了研究。首先研究了 PEI-Cu NCs 和 PEI-Cu NCs+土霉素两种溶液中铜的状态。由图 2-6(a) 可以看出，在加入土霉素以后，PEI-Cu NCs 中铜的化合价仍然为零价或正一价，表明在 PEI-Cu NCs 的荧光猝灭过程中铜的价态没有发生变化。进一步通过紫外-可见吸收光谱和荧光寿命研究荧光猝灭的机理。如图 2-6(b) 所示，土霉素的紫外-可见吸收光谱图中 363 nm 处有一个吸收峰，与 PEI-Cu NCs 的激发谱图出现明显重叠。此重叠现象表明：猝灭机理可能源于内滤效应或荧光共振能量转移[156]。此外，通过荧光寿命来区分内滤效应和荧光共振能量转移。根据式(2-3) 计算平均寿命。如图 2-6(c) 所示，PEI-Cu NCs 的平均荧光寿命为 4.95 ns，时间常数分别为 1.84 ns(29.76%) 和 6.26 ns(70.24%)。PEI-Cu NCs+土霉素溶液的平均荧光寿命为 4.59 ns，时间常数为 1.57 ns（36.44%）和 5.79 ns（63.56%）。可见，添加土霉素前后 PEI-Cu NCs 的荧光寿命几乎没有变化。因此，可以排除荧光共振能量转移[157]。随后，采用式(2-4) 来确定是否存在内滤效应。表 2-2 列出了式(2-4) 中参数的意义。通过式(2-4)，计算出了不同土霉素浓度下的 F_{cor} 值，从而计算出荧光猝灭效率（表 2-3)。由图 2-6(d) 所示，通过研究猝灭效率，观察到的抑制效率高于校正后的效率，发现存在内滤效应[158]。此外，通过研究荧光寿命的变化规律，猜测可能存在静态猝灭效应。通过式(2-5) 讨论是否存在静态猝灭效应，其中 F_0 和 F 是指 PEI-Cu NCs 和 PEI-Cu NCs+土霉素的荧光强度。K_{SV} 和 [Q] 的含义是猝灭常数和土霉素浓度。τ_0 是指 PEI-Cu NCs 的荧光寿命 (4.95 ns)。通过相应的计算，K_{SV} 值为 1.6×10^3 L/mol [图 2-6(e)]。猝灭常数 K_q 值 [3.23×10^{11} L/(mol·s)] 大于最大散射碰撞猝灭常数 [2×10^{10} L/(mol·s)]，证明存在静态猝灭。最后，如图 2-6(f) 所示，在 PEI-Cu NCs+土霉素的紫外-可见吸收光谱中观察到一个新的峰，表明 PEI-Cu NCs 和土霉素之间存在相互作用生成非荧光复合物，进一步证实了存在静态猝灭效应[159-161]。

$$\tau=\frac{B_1t_1^2+B_2t_2^2}{B_1t_1+B_2t_2} \tag{2-3}$$

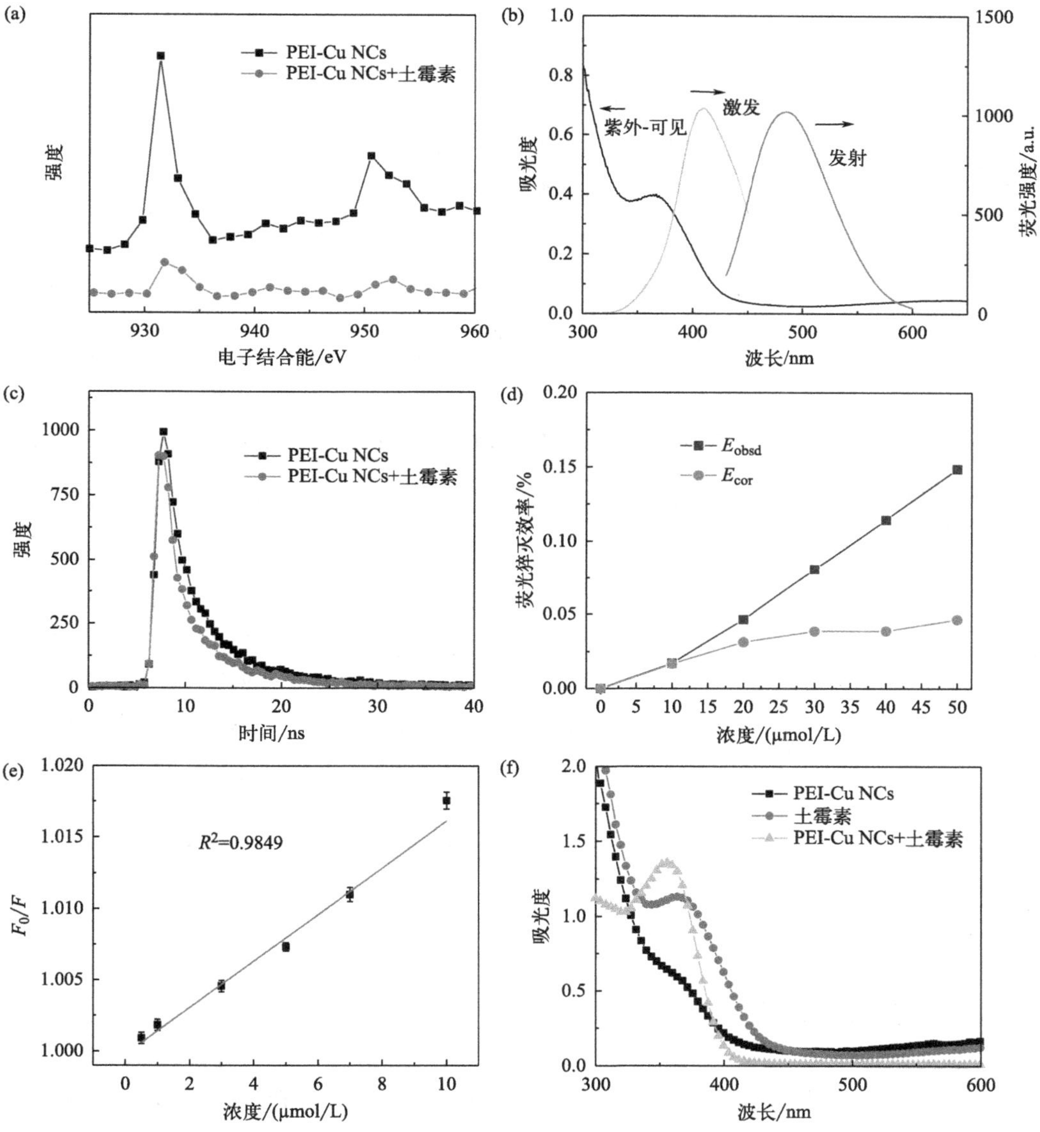

图 2-6　PEI-Cu NCs 的机理谱图

(a) Cu 的 XPS 谱图；(b) 土霉素的紫外-可见吸收光谱图，PEI-Cu NCs 的激发和发射谱图；(c) 荧光寿命谱图；(d) 荧光猝灭效率谱图；(e) 线性拟合曲线；(f) 不同物质的紫外-可见吸收光谱图

$$\frac{F_{cor}}{F_{obsd}}=\frac{2.3dA_{ex}}{1-10^{-dA_{ex}}}10^{gA_{em}}\frac{2.3sA_{em}}{1-10^{-sA_{em}}} \tag{2-4}$$

$$F_0/F=1+K_{SV}[Q]=1+K_q\tau_0[Q] \tag{2-5}$$

表 2-2 式(2-4) 中参数的意义

物理量	物理意义	值
F_{cor}	校正后的荧光强度	—
F_{obsd}	所测荧光强度	—
A_{ex}	激发波长下的吸光度	—
A_{em}	发射波长下的吸光度	—
s	激发光束的厚度	0.1 cm
d	比色皿的宽度	1.0 cm
g	激发光束边缘之间的距离	0.4 cm

表 2-3 不同土霉素浓度下 PEI-Cu NCs 的荧光猝灭效率

土霉素浓度 /(μmol/L)	A_{ex}(410 nm)	A_{em}(485 nm)	$\frac{F_{cor}}{F_{obsd}}$	E_{obsd}	E_{cor}
0	0.262	0.0918	1.46	0	0
10	0.269	0.0852	1.46	0.0172	0.0168
20	0.330	0.0399	1.48	0.0463	0.0312
30	0.352	0.0468	1.53	0.0808	0.0385
40	0.401	0.0359	1.59	0.114	0.0387
50	0.430	0.0393	1.64	0.149	0.0464

2.3.5 选择性研究

本节研究了 PEI-Cu NCs 检测土霉素的特异性。选择 Na^{+}、K^{+}、Mn^{2+}、Mg^{2+}、Ca^{2+}、Al^{3+}、Zn^{2+}、Br^{-}、I^{-}、CO_3^{2-}、HCO_3^{-}、Ac^{-}、链霉素、青蒿素、青霉素钾、盐酸林可霉素、抗坏血酸、氢化可的松、甘氨酸、丙氨酸、谷氨酸、半胱氨酸等为参照物，研究了不同物质对 PEI-Cu NCs 荧光强度的影响。荧光猝灭程度可以通过 F_0/F 值来评估，F_0/F 值越高，意味着荧光猝灭效率越高。如图 2-7 所示，所有参照物的 F_0/F 均在 0.9～1.2 之间，而土霉素的 F_0/F 值远大于 1，表明 PEI-Cu NCs 检测土霉素时具有很好的选择性。

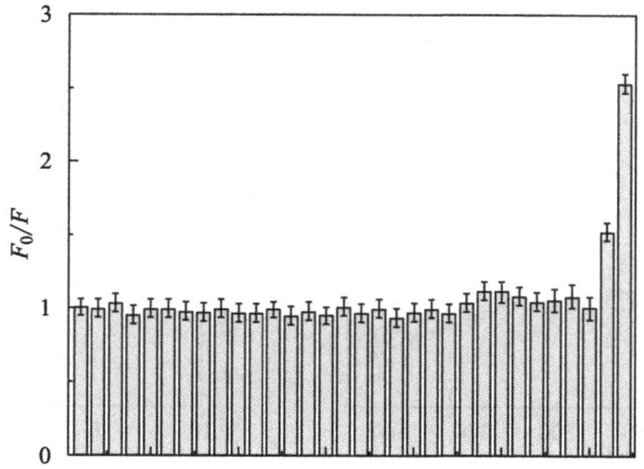

图 2-7　PEI-Cu NCs 用于检测土霉素的选择性考察结果

（从左到右：空白、Na^+、K^+、Mn^{2+}、Mg^{2+}、Ca^{2+}、Al^{3+}、Zn^{2+}、Br^-、I^-、CO_3^{2-}、HCO_3^-、Ac^-、链霉素、青蒿素、青霉素钾、盐酸林可霉素、氨苄青霉素、氢化可的松、甘氨酸、丙氨酸、谷氨酸、半胱氨酸、Fe^{3+}、Cu^{2+}、抗坏血酸、维生素 B_6、维生素 B_{12}、人血清白蛋白、血红蛋白、土霉素）

2.3.6　PEI-Cu NCs 检测温度的可行性分析

本节研究了 PEI-Cu NCs 测定温度的可行性。在不同温度（15～85 ℃）下，用荧光分光光度计记录 PEI-Cu NCs 的荧光光谱。如图 2-8(a) 所示，当温度从 15 ℃上升到 85 ℃时，PEI-Cu NCs 的荧光光谱在 485 nm 处的峰高逐渐减小。上述现象表明，高温对 PEI-Cu NCs 具有荧光猝灭作用。荧光猝灭效应归因于分子碰撞频率和非辐射跃迁速率的增加。然而，在高温下，辐射跃迁速率基本不变，激发态的发射强度会降低。在 15～55 ℃的范围内，PEI-Cu NCs 的荧光强度与温度呈良好的线性关系，线性回归方程为 $F=-12.73[\text{Tem}]+1300(R^2=0.9889)$ [图 2-8(b)]。当温度降至 15 ℃后，PEI-Cu NCs 的荧光可以逐渐恢复。最后，实验结果显示 PEI-Cu NCs 可以进行重复使用 [图 2-8(c)]。

2.3.7　实际样品中土霉素含量的检测结果

本节测定了牛血清样品、人血清样品和蒙牛牛奶样品中土霉素的含量。由于实际样品中没有土霉素，因此采用了标准添加回收法。如表 2-4 所示，采用该荧光探针检

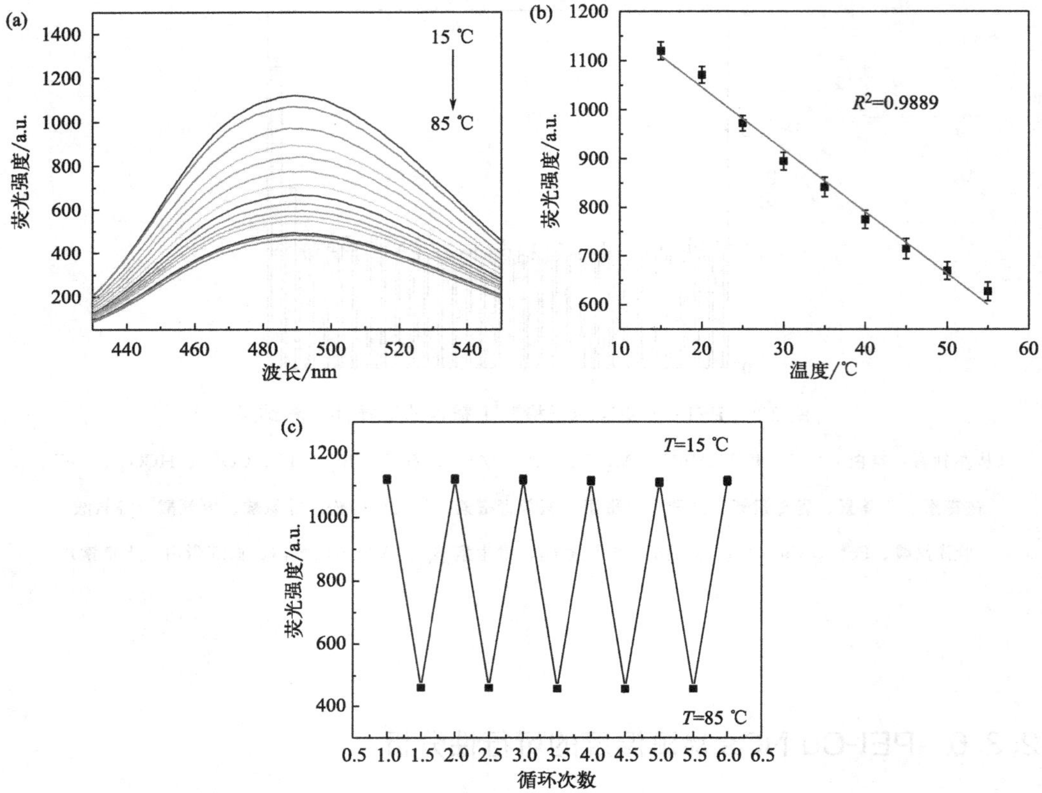

图 2-8　PEI-Cu NCs 对温度的检测谱图

测实际样品中土霉素的回收率为 94.4%～108.8%，相对标准偏差（RSD）为 2.34%～3.89%。同时，采用 HPLC 分析方法测定了土霉素含量，并与上述传感器结果进行了比较，发现 HPLC 测得的土霉素的回收率在 95.6%～107.8%之间，RSD 低于 3.47%。土霉素的回收率结果表明，该探针在测定实际样品中土霉素含量方面具有很好的应用前景。

表 2-4　实际样品中土霉素含量的测定结果

实际样品	添加浓度/(μmol/L)	检测浓度/(μmol/L)		回收率/%		RSD(n=3)/%	
		探针	HPLC	探针	HPLC	探针	HPLC
牛血清	10	9.44	10.78	94.4	107.8	2.34	3.14
	20	19.72	19.47	98.6	97.4	2.71	1.97
	30	29.82	32.15	99.4	107.2	2.97	2.24

续表

实际样品	添加浓度/(μmol/L)	检测浓度/(μmol/L)		回收率/%		RSD(*n*=3)/%	
		探针	HPLC	探针	HPLC	探针	HPLC
人血清	10	10.89	10.24	108.9	102.4	2.39	1.77
	20	21.41	19.11	107.1	95.6	3.14	2.84
	30	31.24	30.37	104.1	101.2	3.89	3.18
蒙牛牛奶	10	10.49	9.87	104.9	98.7	2.98	2.61
	20	21.77	20.58	108.9	102.9	3.29	3.47
	30	29.93	28.85	99.8	96.2	2.49	3.07

2.4　小结

本章通过化学还原方法成功制备了发射蓝色荧光的PEI-Cu NCs。PEI-Cu NCs具有稳定性好、粒度小、分散性好等特点。PEI-Cu NCs的荧光可以被土霉素猝灭，猝灭机理为内滤效应和静态猝灭效应。基于此特点，建立了检测土霉素的荧光分析方法。在最佳检测条件下，PEI-Cu NCs检测土霉素的线性范围为0.5～300 μmol/L，检测限可达0.032 μmol/L。与此同时，PEI-Cu NCs对温度具有荧光响应效应。最后，该平台可应用于实际样品中土霉素含量的检测。

第3章

聚乙烯吡咯烷酮稳定的铜纳米团簇用于检测白杨素

3.1 引言

白杨素是一种黄酮类化合物，主要从白杨等植物中提取。白杨素具有明显的抗肿瘤、抗过敏、抗炎、抗病毒、抗致病微生物和降血糖等作用，以白杨素为主要活性成分的药物已在许多国家和地区获得广泛使用。此外，白杨素还可以抑制潜伏感染模型中芳香化酶和人类免疫缺陷病毒（HIV）的激活，并诱导细胞凋亡，从而表现出对癌症的化学预防作用。因此，建立一个简便、灵敏的白杨素检测平台具有非常重要的意义[162-164]。

目前，检测白杨素的方法主要有高效液相色谱法、光谱法、电化学法等[165-170]。然而，这些方法需要昂贵的设备、烦琐的操作和较长的检测时间，在一定程度上限制了它们的使用。与它们相比，荧光分析法具有灵敏度和选择性高、操作简单、原料和设备便宜等突出优点，成为测定药物的重要方法[171-173]。例如，Pan 等[174] 以新型水分散性荧光硅纳米粒子作为荧光纳米探针，用于测定尿样中木犀草素的含量。Wen 等[175] 以 Cd(Ⅱ)MOF 作为左氧氟沙星荧光检测的信号放大器。因此，有必要开发高效检测白杨素的荧光纳米探针。

近年来，铜纳米团簇特殊的光化学特性，使其在检测和催化方面受到了广泛关注。与金和银相比，铜的来源广泛、价格低廉，因此铜纳米团簇比金纳米团簇和银纳米团簇具有更好的应用市场。到目前为止，铜纳米团簇的合成方法主要有化学还原法、油水微乳液法、电化学法、微波辅助法等[176-178]。用于制备铜纳米团簇的保护剂主要有聚乙烯亚胺、牛血清白蛋白、多巴胺、鞣酸、酪氨酸和色氨酸等[179-182]。常见的还原剂包括抗坏血酸、水合肼、硼氢化钠、葡萄糖、甲醛等[183,184]。聚合物具有丰富的官能团（羟基、氨基和羧基），可以与金属原子络合，保证金属纳米团簇的优异水溶性和荧光强度。聚乙烯吡咯烷酮作为一种常见的聚合物，已成功应用于制备铜纳米团簇，并且制备的铜纳米团簇也已用于检测各种化合物。迄今为止，聚乙烯吡咯烷酮稳定的铜纳米团簇尚未用于检测白杨素。

本章以聚乙烯吡咯烷酮（PVP）为封端剂、抗坏血酸为还原剂，通过简单的一锅法合成了铜纳米团簇（PVP-Cu NCs）。随后采用不同的分析技术对 PVP-Cu NCs 的结构和光学性质进行表征。结果表明，PVP-Cu NCs 具有优异的性能，包括明亮的蓝色荧光、良好的储存稳定性和紫外光稳定性。白杨素可以猝灭 PVP-Cu NCs 的荧光，因此开发了一种基于 PVP-Cu NCs 的简便的荧光分析方法用于检测白杨素（图 3-1）。

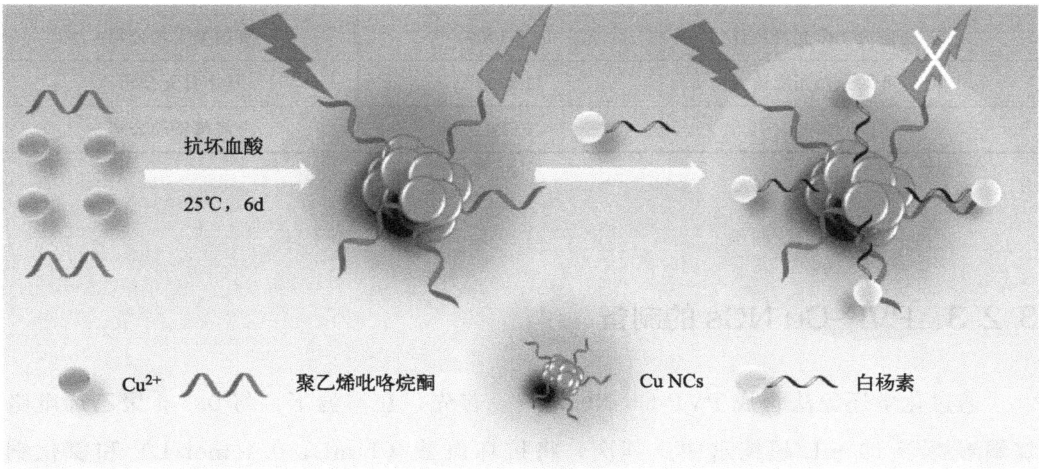

图 3-1　PVP-Cu NCs 制备及检测白杨素示意图

3.2　研究思路与实验设计

3.2.1　实验药品

氯化铜、聚乙烯吡咯烷酮、抗坏血酸、氯化钠、氯化钾、氯化铁、氯化镁、碳酸钠、碳酸氢钠、果糖、麦芽糖、葡萄糖、乳糖、甘氨酸、酪氨酸、组氨酸、谷氨酸盐、脯氨酸、丝氨酸、苯丙氨酸、谷胱甘肽和赖氨酸均购自上海阿拉丁生物科技股份有限公司。所有试剂均为分析纯，无需进一步纯化即可使用。

3.2.2 实验仪器

实验仪器见表 3-1。

表 3-1 实验仪器

仪器名称	型号	生产商
荧光分光光度计	F-7000	日本日立公司
傅里叶变换红外光谱仪	FTIR-8400S	日本岛津公司
X 射线光电子能谱仪	ESCALAB 250XI	美国热电公司
透射电子显微镜	JEOL JEM 2100	日本株式会社
瞬态/稳态荧光分光光度计	FLS-1000	英国爱丁堡公司
紫外-可见分光光度计	U-2500	日本日立公司
pH 计	FE20	上海梅特勒公司

3.2.3 PVP-Cu NCs 的制备

通过化学还原法合成 PVP-Cu NCs[185]。首先，在室温下，将 0.5 g 聚乙烯吡咯烷酮溶解于 10 mL 超纯水中。其次，将抗坏血酸（1 mL，0.1 mol/L）和氯化铜（0.1 mL，0.1 mol/L）溶液依次加到聚乙烯吡咯烷酮溶液中，搅拌 10 分钟，采用盐酸和氢氧化钠溶液将 pH 值调节至 6 左右，室温下反应 6 天。反应溶液的颜色从无色变为淡黄色。然后，将 PVP-Cu NCs 溶液在透析袋（3500 Da）中透析 24 小时。将纯化的 PVP-Cu NCs 溶液放入冰箱以备后续测试。

3.2.4 PVP-Cu NCs 检测白杨素

首先，采用丙酮配制不同浓度的白杨素溶液。然后，配制探针溶液：将 1 mL PVP-Cu NCs 溶液和 1 mL PBS 溶液（pH=6.0）加入 10 mL 离心管并充分混合。将不同浓度的白杨素溶液加到检测系统中，在室温下反应 10 秒。随后转移至荧光比色皿，采用荧光分光光度计获取检测系统在激发光 363 nm 下的荧光发射数据。利用 ln（F_0/F）值和白杨素浓度之间的关系构建测定白杨素的工作曲线（F_0 和 F 分别表示不存在和存在白杨素情况下检测系统的荧光强度）。为了研究白杨素的选择性，进行了一系列对照试验，对照物质主要有 Na^+、K^+、Fe^{3+}、Mg^{2+}、HCO_3^-、CO_3^{2-}、Cl^-、果糖、麦芽糖、葡萄糖、乳糖、甘氨酸、酪氨酸、组氨酸、谷氨酸、脯氨酸、丝氨酸、抗坏血酸、苯丙氨酸和谷胱甘肽。此外，在相同条件下，将白杨素溶液引入含有对照物质的 PVP-Cu NCs 溶液中进行干扰性实验。

3.2.5 PVP-Cu NCs 荧光量子产率计算

根据参考文献[79] 计算 PVP-Cu NCs 的荧光量子产率。以硫酸奎宁为参照，得到了 PVP-Cu NCs 的量子产率（Φ_x）。计算方程如式(3-1) 所示，其中 Φ、A、I 和 η 分别表示量子产率、吸光度、荧光谱图的积分面积和溶剂的折射率。下标 s 和 x 分别表示硫酸奎宁和 PVP-Cu NCs。

$$\Phi_x = \frac{I_x}{I_s} \times \frac{A_s}{A_x} \times \frac{\eta_x^2}{\eta_s^2} \times \Phi_s \tag{3-1}$$

3.3 结果与讨论

3.3.1 PVP-Cu NCs 的表征

如图 3-2(a) 所示，PVP-Cu NCs 具有良好的分散性、粒径分布均匀。其粒径范围大致分布在 1.8～2.4 nm 之间，平均粒径为（2.3±0.03)nm［图 3-2(b)］。图 3-2(c) 显示了 PVP-Cu NCs 的傅里叶变换红外光谱。C—H 键的伸缩振动在 2953.4 cm^{-1} 处。C—H 键的变形振动在 1462.5 cm^{-1} 和 1373.1 cm^{-1} 处。C ═O 键的伸缩振动位于 1675.4 cm^{-1}。C—N 键的伸缩振动在 1228.3 cm^{-1} 处[186,187]。此外，通过 XPS 测量了 PVP-Cu NCs 的具体元素组成和价态。图 3-3（a）显示 C1s、N1s、O1s 和 Cu2p 的电子结合能分别为 282.5 eV、398.1 eV、529.0 eV 和 935.3 eV[188]。Cu2p 的 XPS 谱图［图 3-3(b)］表明，Cu2$p_{3/2}$ 和 Cu2$p_{1/2}$ 的电子结合能分别为 932.5 eV 和 952.3 eV[189]。这可能是因为 PVP-Cu NCs 表面上的聚乙烯吡咯烷酮层大大抑制了

Cu(0)/Cu(Ⅰ)的氧化。在C1s的XPS谱图中观察到三个峰［图3-3(c)]：C—C(284.7 eV)、C—N(285.8 eV)和C═O(287.2 eV)[190]。在N1s的XPS谱图中观察到两个峰［图3-3(d)]：C—N—C(399.1 eV)和C—N—H(399.7 eV)[191]。在O1s的XPS谱图中观察到两个峰［图3-3(e)]：C═O(530.8 eV)和O—H(532.1 eV)[192]。XPS结果与FT-IR测定结果完全一致。PVP-Cu NCs的荧光激发和发射光谱如图3-3(f)所示。在图3-3(f)的插图中，PVP-Cu NCs水溶液在阳光和紫外光下分别显示淡黄色和蓝色荧光。PVP-Cu NCs的最大激发和发射波长分别为363 nm和425 nm。PVP-Cu NCs的荧光量子产率为9.27%。

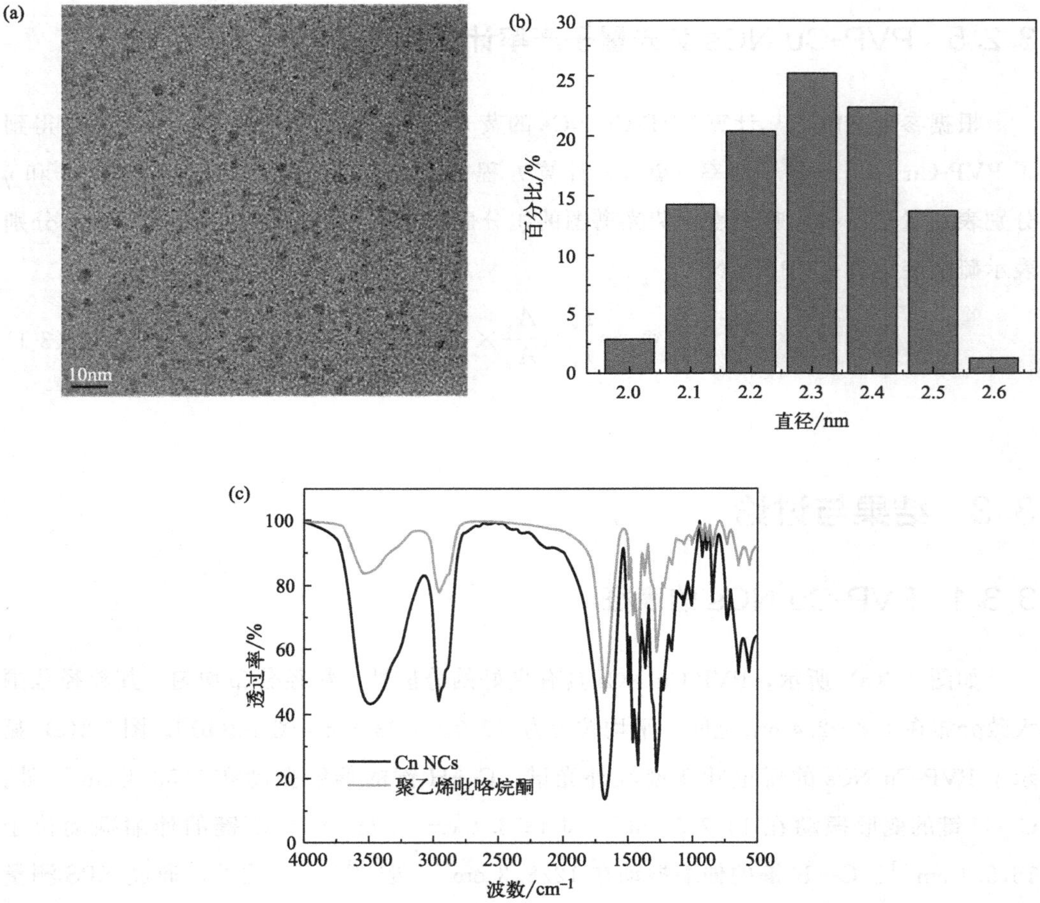

图3-2　PVP-Cu NCs的(a)TEM图像、(b)粒径分布图和(c)傅里叶变换红外光谱图

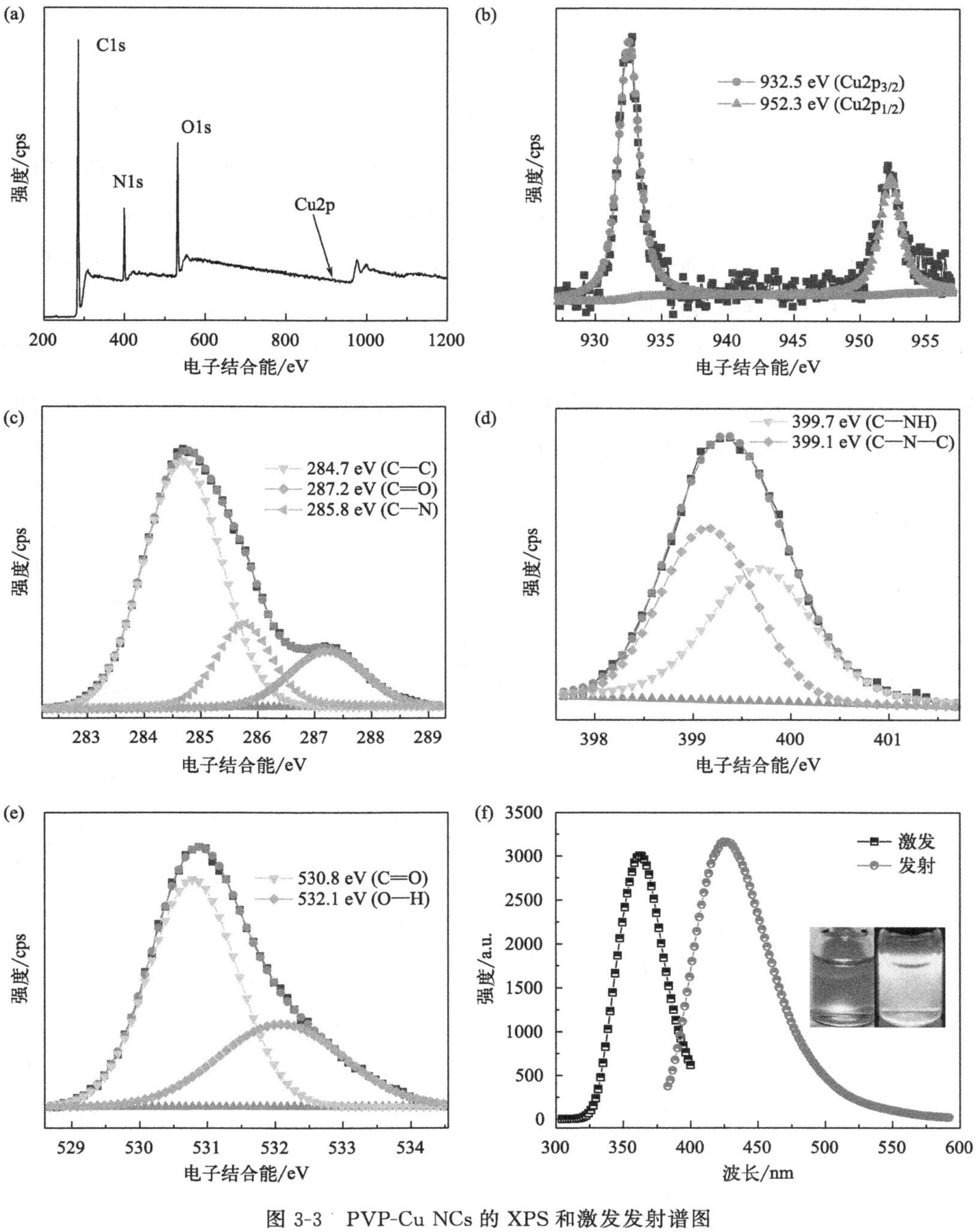

图 3-3　PVP-Cu NCs 的 XPS 和激发发射谱图

（a）PVP-Cu NCs 的 XPS 全谱；（b）Cu2p 的 XPS 谱图；（c）碳的 XPS 谱图；（d）氮的 XPS 谱图；（e）氧的 XPS 谱图；（f）PVP-Cu NCs 的激发和发射谱图

3.3.2 PVP-Cu NCs 的稳定性

众所周知，在复杂的环境中，荧光探针的水溶性和稳定性是非常重要的。本节研究了储存时间、紫外光照射时间、氯化钠浓度和不同溶剂对 PVP-Cu NCs 稳定性的影响，研究结果如图 3-4 所示。首先，研究了储存时间的影响，如图 3-4(a) 可见，PVP-Cu NCs 在 25 ℃下储存 20 d 后，仍保持很强的荧光强度，且没有出现任何减弱。继续研究了高离子强度对 PVP-Cu NCs 荧光强度的影响，如图 3-4(b) 所示，即使在 0.8 mol/L NaCl 溶液中，PVP-Cu NCs 的荧光强度仍然没有明显变化，表明 PVP-Cu NCs 在高离子强度条件下具有出色的稳定性。最后，研究了紫外光照射时间对 PVP-Cu NCs 荧光强度的影响，如图 3-4(c) 所示。PVP-Cu NCs 的荧光强度在

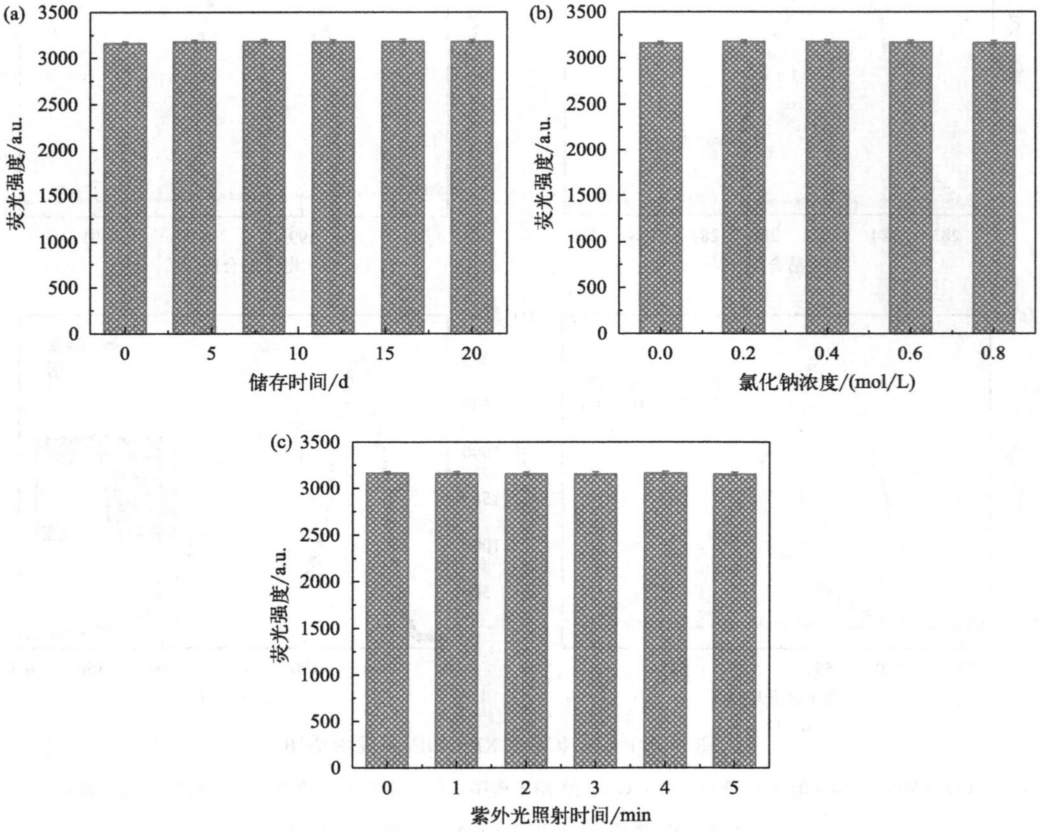

图 3-4 PVP-Cu NCs 稳定性研究

(a) 储存时间的影响；(b) 不同浓度氯化钠溶液的影响；(c) 紫外光照射时间的影响

360 nm 的紫外光下照射 10 min 后仍然保持稳定，表明 PVP-Cu NCs 具有优异的光稳定性。可见，PVP-Cu NCs 具有优异的稳定性，为其广泛应用打下坚实的基础。

3.3.3 PVP-Cu NCs 检测白杨素

通过调节 PBS 的 pH 值和反应时间来探讨 PVP-Cu NCs 检测白杨素的灵敏度。首先，分别检测 pH 值从 6.0 变化到 8.0 时的荧光响应。如图 3-5(a) 所示，当 PBS 的 pH 值为 6.0 时，荧光响应达到最大值。随后，在不同反应时间（0～50 秒）下测量了 PVP-Cu NCs 和 PVP-Cu NCs＋白杨素的荧光强度。图 3-5(b) 显示，猝灭率在 10 s 内迅速达到最大值。因此，最佳的 pH 值和反应时间分别为 6.0 和 10 s。通过将不同浓度的白杨素溶液添加至 PVP-Cu NCs 水溶液中，探究 PVP-Cu NCs 对白杨素检测的灵敏度。如图 3-5(c) 所示，随着白杨素含量从 0 μmol/L 持续增加到 300 μmol/L，PVP-Cu NCs 的荧光强度逐渐减弱。进一步探究 $\ln(F_0/F)$ 值和白杨素含量（0.5～300 μmol/L）之间的线性关系，其线性曲线如图 3-5(d) 所示。根据 $3s/k$，检测限为 0.093 μmol/L（s 是指空白溶液的标准偏差，k 表示拟合曲线的斜率）。如表 3-2 所示，与已报道的文献相比，本方法具有操作简单、线性范围宽、检测限低等优点。

表 3-2　检测白杨素的方法的比较

方法	探针	线性范围	检测限	参考文献
HPLC	—	20～80 ng/band	1.83 ng/band	[165]
HPLC	—	0.5～400 μg/mL	0.15 μg/mL	[166]
HPLC	—	0.083～26.50 μg/mL	0.049 μg/mL	[167]
光谱法	—	7.5～34.7 mg/g	—	[168]
电化学法	Ta_2O_5-CTS	0.08～4 μmol/L	0.03 μmol/L	[169]
电化学法	SMDWE	0.08～4 μmol/L	0.5 μmol/L	[170]
荧光法	Cu NCs	0.5～300 μmol/L	0.093 μmol/L	—

3.3.4 检测机理

通过一系列实验研究了 PVP-Cu NCs 检测白杨素的机理。如图 3-6(a) 所示，白

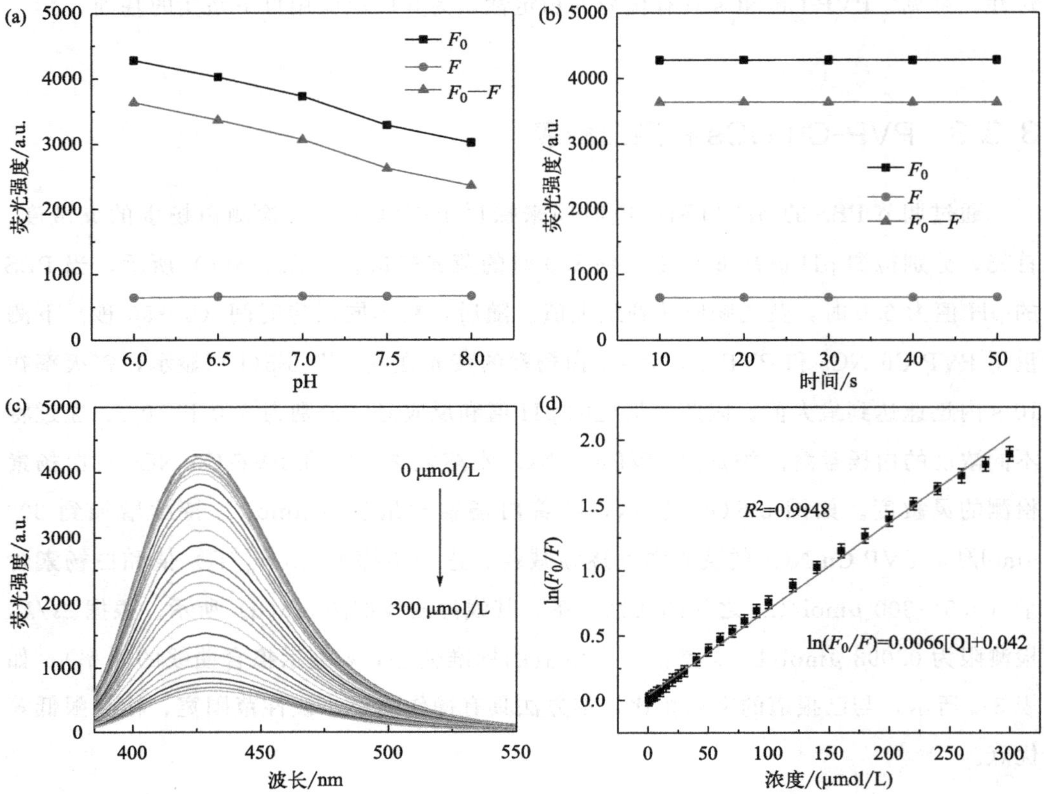

图 3-5　PVP-Cu NCs 检测白杨素的条件及性质考察

(a) pH 对检测的影响；(b) 时间对检测的影响；(c) 不同白杨素浓度下 PVP-Cu NCs 的发射谱图；(d) 线性曲线

杨素的紫外-可见吸收光谱与 PVP-Cu NCs 的激发光谱出现明显重叠现象，表明白杨素能够导致 PVP-Cu NCs 荧光减弱，其机理可能为内滤效应[193]。内滤效应发生的同时荧光材料的寿命不会发生变化。因此，为了证实存在内滤效应，检测了 PVP-Cu NCs 的荧光寿命。如图 3-6(b) 所示，PVP-Cu NCs 和 PVP-Cu NCs＋白杨素的荧光寿命分别为 3.32 ns 和 3.30 ns。添加白杨素后，PVP-Cu NCs 的荧光寿命没有出现明显变化，表明猝灭机理为内滤效应[194]。因此，根据帕克方程［式(3-2)］进一步研究内滤效应。在帕克方程中，F_{obsd} 是记录的荧光强度；F_{cor} 是考虑内滤效应时的校正荧光强度；A_{ex} 和 A_{em} 是激发波长（363 nm）和发射波长（425 nm）处的吸光度。此外，g、s 和 d 的值分别为 0.25 cm、0.50 cm 和 1.0 cm。内滤效应的校正因子 (CF) 值基于帕克方程进行计算。根据现有文献，CF 值不应超过 3，否则校正不可靠。通过观察荧光猝灭效率（E_{obsd} 和 E_{cor}），得到 PVP-Cu NCs 检测白杨素的主要作用机理是内滤效应[195,196]。

$$\frac{F_{cor}}{F_{obsd}}=\frac{2.3dA_{ex}}{1-10^{-dA_{ex}}}10^{gA_{em}}\frac{2.3sA_{em}}{1-10^{-sA_{em}}} \tag{3-2}$$

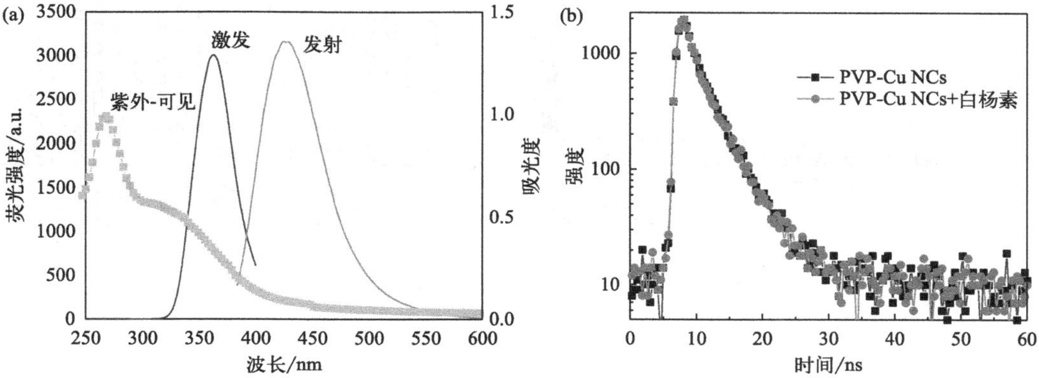

图 3-6　PVP-Cu NCs 检测机理谱图

（a）白杨素的紫外-可见吸收光谱图、PVP-Cu NCs 的激发发射谱图；

（b）PVP-Cu NCs 的荧光寿命

3.3.5　选择性研究

本节继续研究了 PVP-Cu NCs 检测白杨素的选择性。所选参照物为 Na^{+}、K^{+}、Fe^{3+}、Mg^{2+}、HCO_3^{-}、CO_3^{2-}、Cl^{-}、果糖、麦芽糖、葡萄糖、乳糖、甘氨酸、酪氨酸、组氨酸、谷氨酸、脯氨酸、丝氨酸、抗坏血酸、苯丙氨酸和谷胱甘肽。如图 3-7(a) 所示，只有白杨素会导致 PVP-Cu NCs 的荧光出现明显减弱，表明其具有优异的选择性。在同时存在白杨素和参照物的情况下，进行抗干扰实验的检测。图 3-7(b) 表明，参照物对白杨素的荧光传感影响很小。可见，PVP-Cu NCs 检测白杨素的方法具有良好的选择性和抗干扰能力。

3.3.6　实际样品中白杨素含量的测定

本节测定了葡萄糖样品和蒙牛牛奶样品中白杨素的含量。由于实际样品中不含有

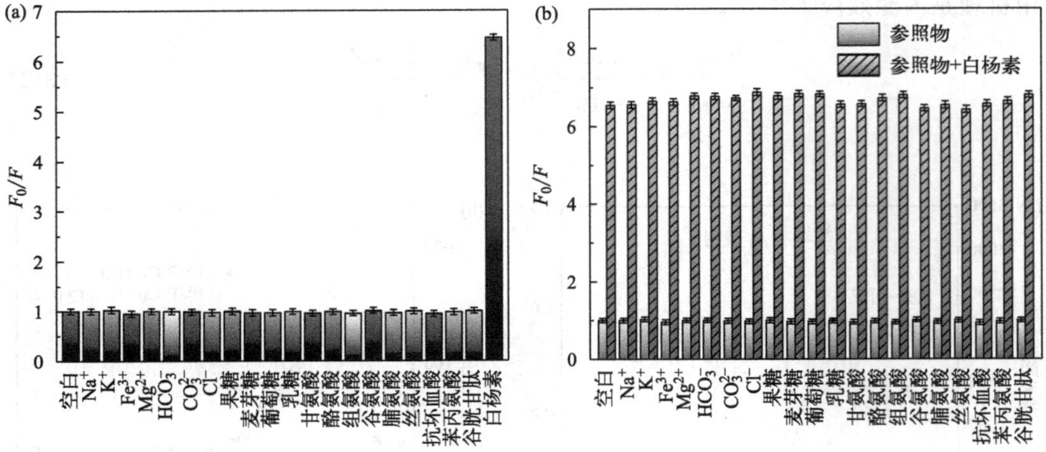

图 3-7 (a) 选择性和 (b) 干扰性实验谱图

白杨素，因此采用了标准添加回收法。如表 3-3 所示，采用该荧光探针在实际样品中检测白杨素回收率为 99.4%～108.8%，相对标准偏差（RSD）为 2.87%～3.16%。白杨素的回收率结果表明，该探针在测定实际样品中白杨素含量方面具有很好的应用前景。

表 3-3 实际样品中白杨素含量的测定结果

实际样品	添加浓度 /(μmol/L)	检测浓度 /(μmol/L)	回收率 /%	RSD($n=3$) /%
葡萄糖	25	26.3	105.2	3.16
	45	47.5	105.6	3.08
	65	66.8	102.8	2.98
蒙牛牛奶	25	27.2	108.8	3.04
	45	46.5	103.3	2.87
	65	64.6	99.4	3.11

3.4 小结

总之，通过简单的一锅法制备的 PVP-Cu NCs 具有优异的水溶性、良好的稳定性和很强的耐盐性。基于内滤效应，白杨素能够明显猝灭 PVP-Cu NCs 的荧光，线性检测范围为 0.5～300 μmol/L，检测限为 0.093 μmol/L。此外，PVP-Cu NCs 可用于测定实际样品中白杨素的含量，并具有良好的回收率。

第4章 胰蛋白酶稳定的铜纳米团簇用于检测芹菜素

4.1 引言

芹菜素是一种黄酮类化合物，广泛分布在自然界中。它主要存在于暖热带地区的唇形科、马鞭草科、伞形科植物中，尤其是芹菜。国内外大量研究表明，芹菜素具有抗肿瘤、保护心脑血管、抗病毒、抗菌等多种生物活性[197-199]。鉴于芹菜素对人体健康的重要性，测定生物体液中芹菜素的含量具有重要意义。迄今为止，检测芹菜素的方法主要有高效液相色谱法[200-202]、液相色谱-质谱法（LC-MS/MS）[203]、质谱法(MS)[204]、电化学方法[205]、毛细管电泳电化学（CE-ED）[206] 和荧光方法[207]。除荧光法外，其他传统方法具有操作程序复杂、合成复杂、标记程序复杂、成本高、耗时等缺点。荧光分析法因其选择性、灵敏度高和仪器成本低等优点而得到广泛关注[208,209]。荧光分析方法的核心是荧光材料的制备。荧光材料主要包括半导体量子点、碳量子点、金属有机骨架材料和金属纳米团簇（铜纳米团簇、银纳米团簇、金纳米团簇和铂纳米团簇等）[210-212]。与金纳米团簇、银纳米团簇和铂纳米团簇相比，铜纳米团簇（Cu NCs）因其独特的物理和化学特征（包括优异的荧光性能、良好的溶解性和生物相容性以及丰富的铜储量）而得到广泛关注。研究表明，Cu NCs 已经成功应用于检测 Cu^{2+}、Pb^{2+}、Al^{3+}、Fe^{3+}、Ag^{+}、Hg^{2+}、H_2O_2、ClO^-、2,4,6-三硝基甲苯、2，4，6-三硝基苯酚、葡萄糖、碱性磷酸酶活性、组氨酸、抗坏血酸和亚硝酸盐[213-218]。然而，Cu NCs 尚未用于检测芹菜素。

目前，氨基酸、聚合物、蛋白质、DNA 和巯基化合物等化合物已作为保护剂被用来合成 Cu NCs[219,220]。合成 Cu NCs 的方法主要有微波辅助法、声化学法、电化学法、油水微乳液法和化学还原法[221,222]。例如，Zhang 等[102] 以鞣酸为稳定剂、抗坏血酸为还原剂，成功制备了鞣酸稳定的铜纳米团簇，其发射波长为 434 nm 且在紫外光下显示蓝色荧光。此外，其检测木犀草素的线性范围为 0.2～100 μmol/L，检测限为 0.12 μmol/L。Chauhan 等[223] 开发了发红色荧光的 BSA 稳定的铜纳米团簇，由于能量和电子转移效应，该团簇可应用于检测维生素 B_6 辅因子和硝基芳烃。Wang 课题组[224] 合成了谷胱甘肽稳定的铜纳米团簇，其用于检测对硝基苯酚和碱性磷酸酶活性的检测限分别为 20 nmol/L 和 0.003 mU/mL，荧光检测机理为内滤效应。

本章以胰蛋白酶（TRY）作为保护剂、以抗坏血酸作为还原剂，制备了胰蛋白酶稳定的铜纳米团簇（TRY-Cu NCs）。研究表明，该 TRY-Cu NCs 具有优异的水溶性。TRY-Cu NCs 的激发波长为 380 nm、发射波长为 465 nm，在紫外灯下显示蓝色荧光。此外，将芹菜素加至 TRY-Cu NCs 溶液中，TRY-Cu NCs 荧光强度降低，机理为内滤效应。这是首次将 TRY-Cu NCs 应用于检测芹菜素（图 4-1）。

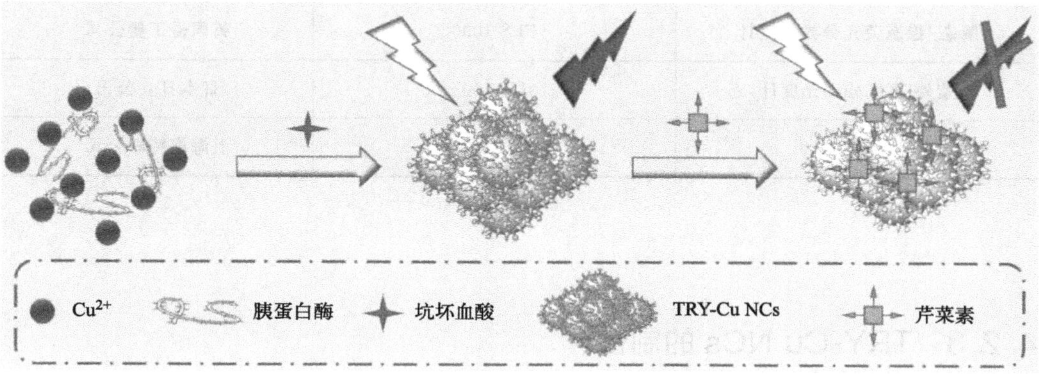

图 4-1　TRY-Cu NCs 制备及检测芹菜素示意图

4.2　研究思路与实验设计

4.2.1　实验药品

氯化铜、胰蛋白酶和抗坏血酸购自上海麦克林生化科技股份有限公司。硫酸钠、硝酸钠、赖氨酸、半胱氨酸、谷胱甘肽、人血清白蛋白、枸橼酸、枸橼酸钠、色氨酸、甲硫氨酸、组氨酸、谷氨酸、丙氨酸、脯氨酸、天冬氨酸、亮氨酸、苯丙氨酸、精氨酸、酪氨酸、丝氨酸和芹菜素购自上海阿拉丁生物科技股份有限公司。所有化学品均为试剂级，无须进一步纯化即可使用。

4.2.2 实验仪器

实验仪器见表 4-1。

表 4-1 实验仪器

仪器名称	型号	生产商
荧光分光光度计	F-7000	日本日立公司
傅里叶变换红外光谱仪	Tenson 27	德国 Bruker 公司
X 射线光电子能谱仪	ESCALAB 250XI	美国热电公司
透射电子显微镜	Tecnai G2 20	美国 FEI 公司
瞬态/稳态荧光分光光度计	FLS-1000	英国爱丁堡公司
紫外-可见分光光度计	U-4100	日本日立公司
pH 计	FE20	上海梅特勒公司

4.2.3 TRY-Cu NCs 的制备

首先，将 1 mL 抗坏血酸溶液（0.1 mol/L）和 10 mL $CuCl_2$ 溶液（0.01 mol/L）滴加至 10 mL 胰蛋白酶溶液（40 mg/mL）中。然后，用盐酸和氢氧化钠溶液将混合溶液的 pH 值调节至 5.2，在 65 ℃下反应 4 小时。溶液由淡蓝色逐渐变成淡黄色。随后通过透析袋（分子质量：4500 Da）纯化 TRY-Cu NCs。最后，将 TRY-Cu NCs 储存在冰箱中备用。

4.2.4 TRY-Cu NCs 检测芹菜素

首先，采用 1 mL 枸橼酸和枸橼酸钠缓冲溶液（pH＝6）和 1 mL TRY-Cu NCs 溶液配制探针溶液并搅拌 5 min。随后，将不同浓度的芹菜素加至探针溶液中充分混合 1 min。在激发波长为 380 nm 下，使用荧光分光光度计记录探针溶液的荧光光谱。每个样品均进行三次分析，通过计算取平均值。进一步选取相关参照物进行选择性实验，其中参照物主要有 SO_4^{2-}、NO_3^-、半胱氨酸、谷胱甘肽、人血清白蛋白、赖氨酸、色氨酸、甲硫氨酸、组氨酸、谷氨酸、丙氨酸、脯氨酸、天冬氨酸、亮氨酸、苯丙氨酸、精氨酸、酪氨酸和丝氨酸。分别记录其荧光强度，通过 F_0/F 值来判断荧光猝灭程度。

4.2.5 实际样品中的芹菜素含量的测定

牛血清样品购自成都市科隆化学品有限公司，生理盐水和人血清样本取自诊所。上述样品需通过过滤去除不溶性颗粒，用 PBS 缓冲溶液稀释。将芹菜素溶液加至上述实际样品中以制备加标溶液，通过荧光分光光度计获取荧光数据来计算回收率和 RSD 值。

4.2.6 TRY-Cu NCs 的荧光量子产率测定

根据 Lettieri 等报道的文献[225] 研究 TRY-Cu NCs 的荧光量子产率（QY），计算公式如式(4-1) 所示。式中，Φ 表示 TRY-Cu NCs 的荧光量子产率，I 表示荧光光谱的积分面积（在 465 nm 处），η 表示溶剂的折射率，A 表示激发波长 380 nm 处的吸光度。R 表示硫酸奎宁。

$$\Phi=\frac{I}{I_R}\times\frac{A_R}{A}\times\frac{\eta^2}{\eta_R^2}\times\Phi_R \tag{4-1}$$

4.3 结果与讨论

4.3.1 TRY-Cu NCs 的表征

如图 4-2(a) 所示，与 $CuCl_2$、胰蛋白酶和抗坏血酸相比，TRY-Cu NCs 在 366 nm 附近出现一个新的吸收峰。且 TRY-Cu NCs 在 400～600 nm 的范围内未发现明显吸收峰，证明在 TRY-Cu NCs 中不存在大的铜纳米粒子。如图 4-2(b) 所示，TRY-Cu NCs 的最大激发和发射波长分别为 380 nm 和 465 nm。在紫外光和阳光下观

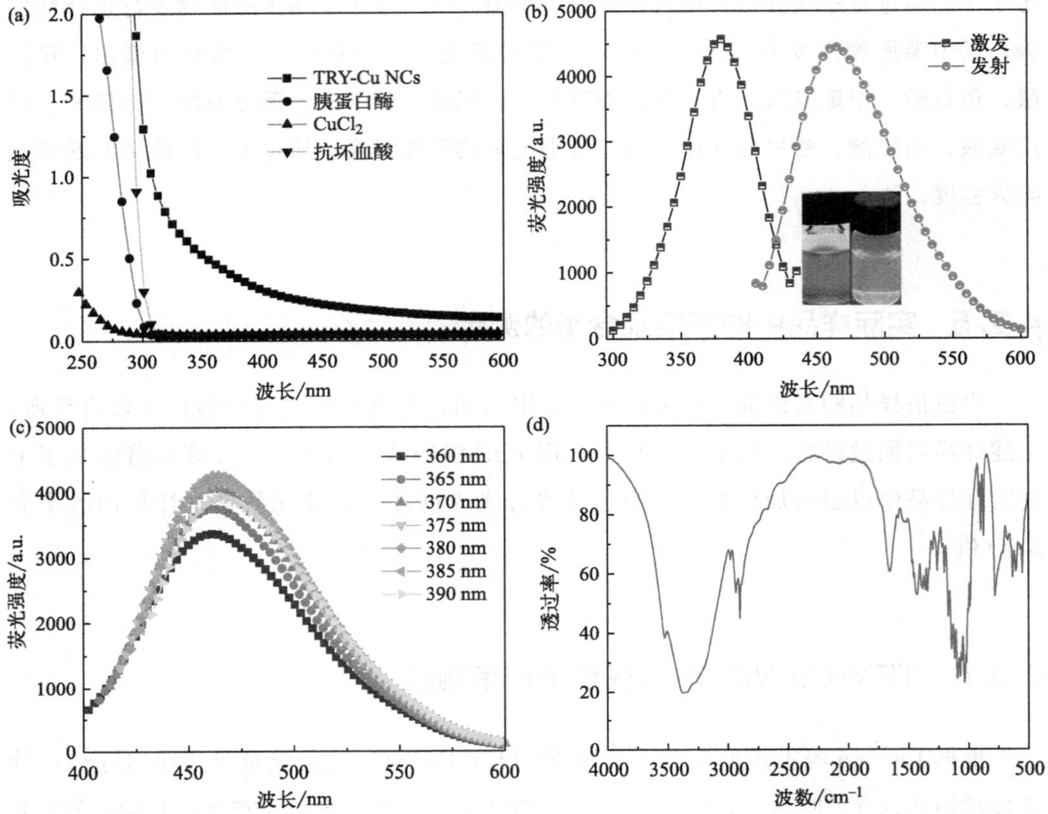

图 4-2 TRY-Cu NCs 光谱谱图

(a) 不同物质的发射谱图；(b) TRY-Cu NCs 激发和发射谱图；(c) 不同激发下 TRY-Cu NCs 的发射谱图；(d) TRY-Cu NCs 的红外光谱图

察到 TRY-Cu NCs 发出的荧光为蓝色和淡黄色。随后，研究了激发波长对 TRY-Cu NCs 发射波长的影响。如图 4-2(c) 所示，在 360～390 nm 的激发波长范围内，TRY-Cu NCs 发射波长没有固定值，表明 TRY-Cu NCs 具有激发依赖性，这与粒径的分布情况有关。TRY-Cu NCs 的荧光量子产率为 4.23%。如图 4-2(d) 所示，TRY-Cu NCs 的红外光谱显示了胰蛋白酶的吸收峰，表明胰蛋白酶已被引入 TRY-Cu NCs 表面。O—H、C—H、C═O、C—N 和 C—O 键的伸缩振动分别在 3378.2 cm^{-1}、2977.3 cm^{-1}、1656.3 cm^{-1}、1261.1 cm^{-1} 和 1142.8 cm^{-1} 处。C—H 键的不对称和对称变形振动吸收波数分别为 1426.5 cm^{-1} 和 1383.4 cm^{-1}[226,227]。

图 4-3(a) 为 TRY-Cu NCs 的 TEM 图像，可以看出，TRY-Cu NCs 的形状为球

形，平均粒径为 2.34 nm。通过 XPS 分析测量了 TRY-Cu NCs 的元素组成。在图 4-3（b）中，C1s、N1s、O1s 和 Cu2p 的电子结合能为 285.4 eV、398.1 eV、531.9 eV 和 933.2 eV[228]。在图 4-3(c) 中，$Cu_2p_{3/2}$ 和 $Cu_2p_{1/2}$ 的电子结合能分别为 932.6 eV 和 952.4 eV。在 942 eV 处没有发现任何特征峰，表明 Cu^{2+} 被还原为 Cu^0 和 Cu^+。在 C1s 的 XPS 谱图中［图 4-3(d)］，C—C、C—N 和 C═O 的电子结合能为 284.5 eV、285.9 eV 和 287.5 eV[229]。在 N1s 的 XPS 谱图中［图 4-3(e)］，C—N—C 和 C—NH 的电子结合能为 399.6 eV 和 401.1 eV。在 O1s 的 XPS 谱图中［图 4-3(f)］，C═O、C—O—C 和 C—OH 的电子结合能为 531.2 eV、532.2 eV 和 532.5 eV[230]。同时，从 XPS 的结果来看，TRY-Cu NCs 中 C、Cu、N 和 O 的含量分别为 51.09%、0.25%、20.93%和 38.77%。

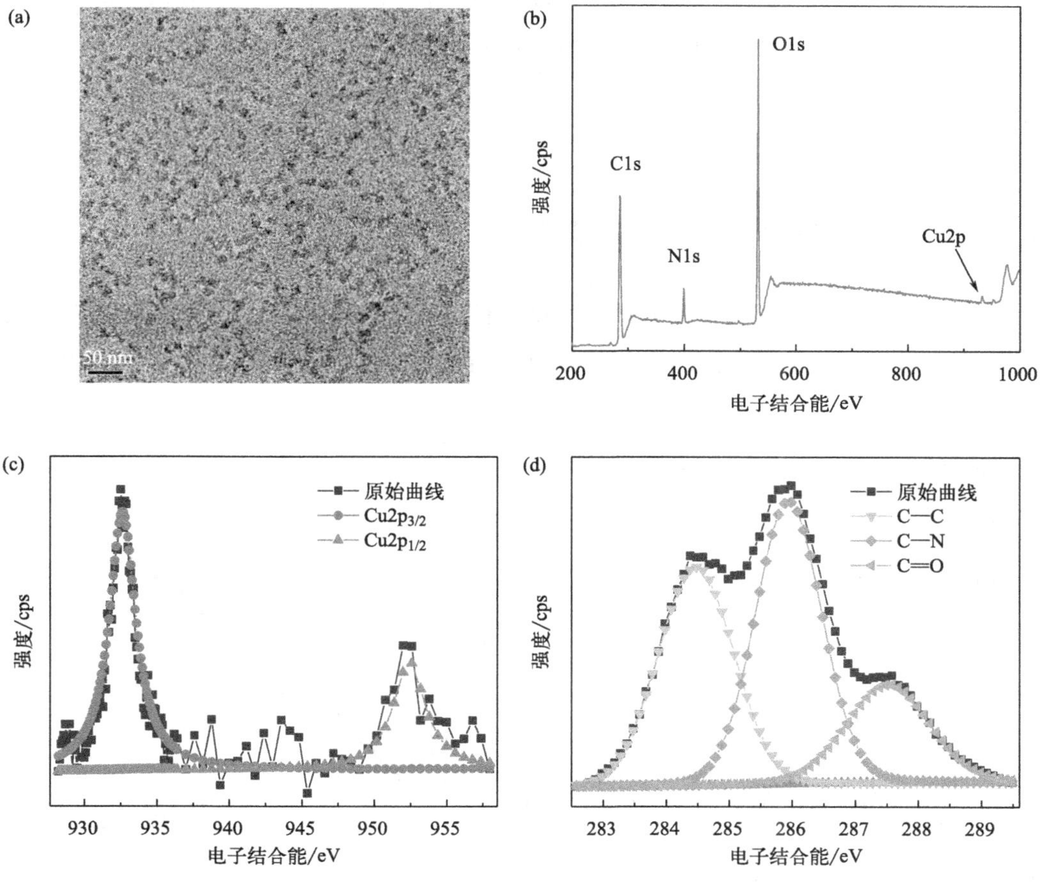

图 4-3

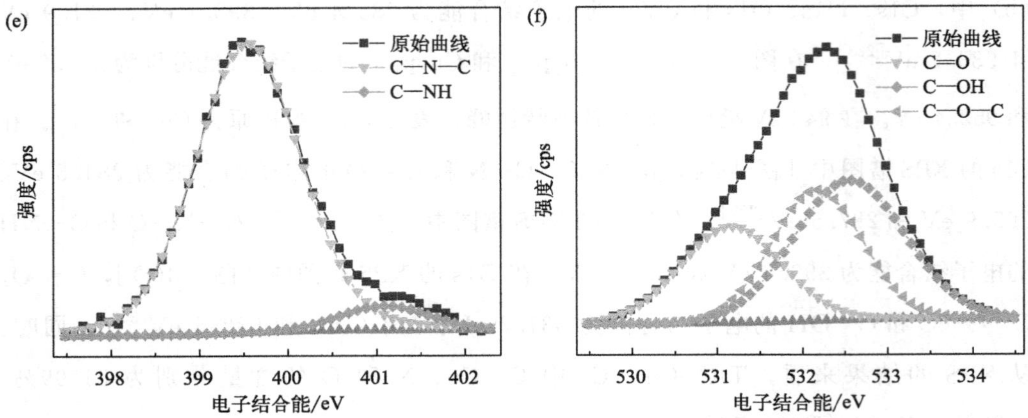

图 4-3 TRY-Cu NCs 的 TEM 图像和 XPS 谱图

(a) TRY-Cu NCs 的 TEM 图像；(b) TRY-Cu NCs 的 XPS 全谱；(c) Cu 的 XPS 谱图；
(d) C1s 的 XPS 谱图；(e) N1s 的 XPS 谱图；(f) O1s 的 XPS 谱图

4.3.2 TRY-Cu NCs 检测芹菜素

对 TRY-Cu NCs 检测芹菜素的灵敏度进行了研究。如图 4-4(a) 所示，当芹菜素含量从 0 μmol/L 变化到 300 μmol/L 时，TRY-Cu NCs 的荧光强度逐渐降低。

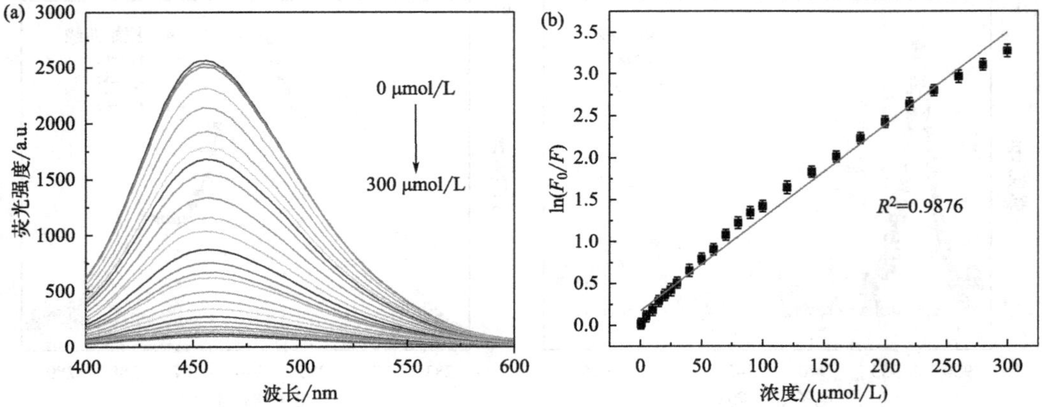

图 4-4 TRY-Cu NCs 检测芹菜素的性能考察

(a) 不同芹菜素浓度下的 TRY-Cu NCs 发射谱图；(b) 线性曲线

$\ln(F_0/F)$ 与芹菜素浓度在 0.5～300 μmol/L 范围内呈良好的线性关系，线性方程为 $\ln(F_0/F)=0.011\ [Q]+0.17$ [图 4-4(b)]。检测限（LOD）为 0.079 μmol/L。如表 4-2 所示，与现有的芹菜素检测方法相比，TRY-Cu NCs 作为传感器的荧光方法显示出良好的灵敏度、较宽的线性范围和较低的检测限。

表 4-2　不同检测芹菜素的方法

方法	探针	线性范围/(μmol/L)	检测限/(μmol/L)	参考文献
HPLC	—	—	0.037	[200]
HPLC	—	0.645～51.62	0.116	[201]
HPLC	—	0.002～1.11	3.7×10^{-4}	[202]
LC-MS/MS	—	0.0004～1.85	4×10^{-4}	[203]
MS	—	0.30～0.74	—	[204]
电化学法	Ni NPs-ACE	0.9～200	5×10^{-3}	[205]
CE-ED	—	0.002～0.075	4.4×10^{-4}	[206]
荧光法	N-CDs	0.1～60	0.08	[207]
荧光法	TRY-Cu NCs	0.5～300	0.079	—

注：CE-ED 为毛细管电泳电化学检测；ACE 为活性丝网印刷碳电极；N-CDs 为氮掺杂碳量子点。

4.3.3 TRY-Cu NCs 的稳定性

众所周知，在复杂的环境中，荧光探针的水溶性和稳定性是非常重要的。本节研究了储存时间、紫外光照射时间、氯化钠浓度对 TRY-Cu NCs 稳定性的影响，研究结果如图 4-5 所示。首先，研究了储存时间的影响，如图 4-5(a) 可见，TRY-Cu NCs 在 25 ℃下储存 21 d 后，仍保持很强的荧光强度，且没有出现任何减弱。其次，继续研究了高离子强度对 TRY-Cu NCs 荧光强度的影响，如图 4-5(b) 所示，即使在 0.6 mol/L NaCl 溶液中，TRY-Cu NCs 的荧光强度仍然没有明显变化，表明 TRY-Cu NCs 在高离子强度条件下具有出色的稳定性。最后，研究了紫外光照射时间对 TRY-Cu NCs 荧光强度的影响，如图 4-5(c) 所示。TRY-Cu NCs 的荧光强度在 365 nm 的紫外光下照射 5 min 后仍然保持稳定，表明 TRY-Cu NCs 具有优异的光稳定性。可见，TRY-Cu NCs 具有优异的稳定性，为其广泛应用打下坚实的基础。

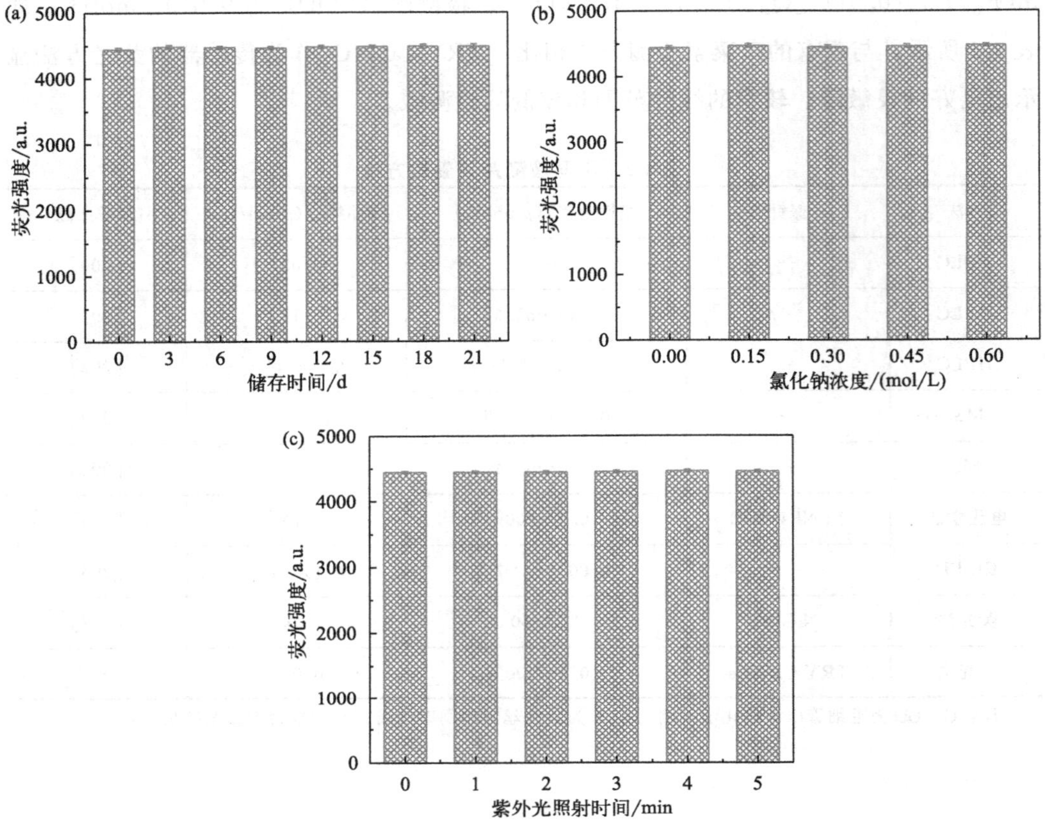

图 4-5　TRY-Cu NCs 稳定性研究

(a) 储存时间的影响；(b) 不同浓度氯化钠溶液的影响；(c) 紫外光照射时间的影响

4.3.4　检测机理

如图 4-6(a) 所示，芹菜素的紫外-可见吸收特征峰与 TRY-Cu NCs 的激发峰出现明显重叠。基于此光谱重叠现象，芹菜素能够吸收 TRY-Cu NCs 的激发能量，其传感机理可能为荧光共振能量转移和内滤效应[231]。对于荧光共振能量转移，探针的荧光减弱和荧光寿命缩短是由探针的激发态能量转移引起的。而对于内滤效应，探针的荧光寿命基本保持不变。如图 4-6(b) 所示，在添加芹菜素后，TRY-Cu NCs 的荧光寿命没有变化（TRY-Cu NCs 寿命为 3.80 ns，TRY-Cu NCs＋芹菜素的寿命为 3.79 ns)，荧光共振能量转移可以被排除[232]。因此，可能的猝灭机理为内滤效应。

此外，初级内滤效应和次级内滤效应分别是由激发辐射的减弱和发射辐射的再吸收引起的。因此，主要的荧光猝灭机理为初级内滤效应。

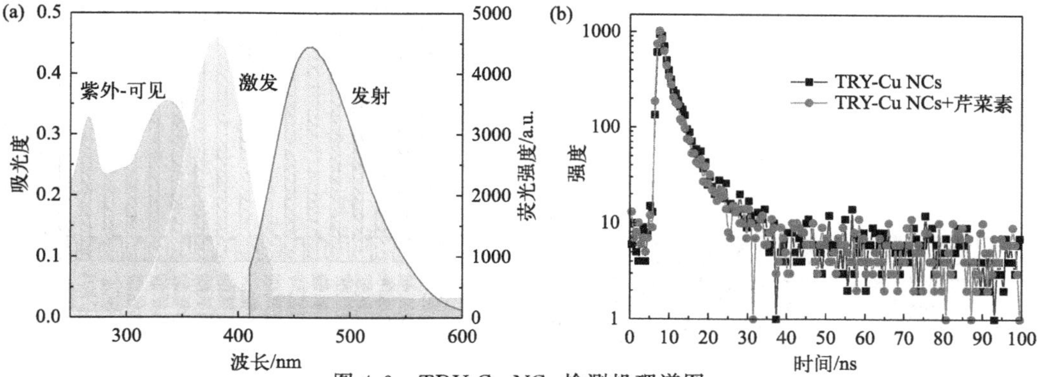

图 4-6　TRY-Cu NCs 检测机理谱图

(a) 芹菜素的紫外-可见吸收光谱图，TRY-Cu NCs 的激发发射谱图；(b) TRY-Cu NCs 的荧光寿命

4.3.5　选择性和干扰性研究

为了研究 TRY-Cu NCs 对芹菜素的选择性，选择赖氨酸、色氨酸、甲硫氨酸、组氨酸、谷氨酸、丙氨酸、脯氨酸、天冬氨酸、亮氨酸、苯丙氨酸、精氨酸、酪氨酸、丝氨酸、SO_4^{2-}、NO_3^-、半胱氨酸、谷胱甘肽和人血清白蛋白等作为参照，研究了不同参照物对 TRY-Cu NCs 的荧光强度的影响。如图 4-7(a) 所示，除芹菜素外，所有参照物对 TRY-Cu NCs 的荧光响应都没有显著影响。在芹菜素和参照物同时存在的情况下，研究了抗干扰性 [图 4-7(b)]。结果表明，TRY-Cu NCs 能够成为测定芹菜素的优秀纳米探针，在实际样品中具有巨大的潜力。

4.3.6　实际样品中芹菜素含量检测结果

为了进一步讨论 TRY-Cu NCs 的实际应用潜力，将其用于测量生理盐水、牛血清和人血清样品中的芹菜素含量。测量结果如表 4-3 所示。芹菜素的回收率和相对标准偏差分别为 93.3%～107.1% 和 2.47%～3.45%，表明 TRY-Cu NCs 在实际样品中的应用结果令人满意。因此，基于 TRY-Cu NCs 的纳米传感器在实际样品中测量芹菜素浓度具有巨大的潜力。

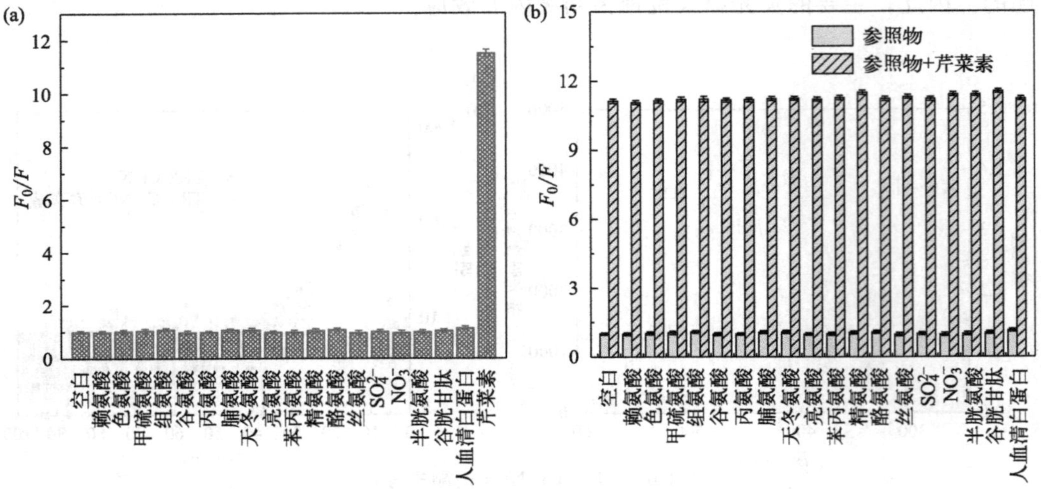

图 4-7 TRY-Cu NCs 检测芹菜素的（a）选择性和（b）干扰性研究结果

表 4-3 实际样品中芹菜素的测定结果

实际样品	添加浓度/(μmol/L)	检测浓度/(μmol/L)	回收率/%	RSD (n=3)/%
生理盐水	30	32.14	107.1	2.53
	60	63.8	106.3	2.47
	90	88.52	98.4	3.18
牛血清	30	28.0	93.3	3.11
	60	61.7	102.8	2.98
	90	92.4	102.7	3.45
人血清	30	29.81	99.4	2.88
	60	60.81	101.4	2.89
	90	94.3	104.7	2.77

4.4 小结

综上所述，以胰蛋白酶为保护剂、抗坏血酸为还原剂制备了 TRY-Cu NCs。

TRY-Cu NCs 的激发波长和发射波长分别为 380 nm 和 465 nm。通过讨论激发波长对 TRY-Cu NCs 发射波长的影响，表明 TRY-Cu NCs 的荧光特征具有激发依赖性。受芹菜素能够猝灭 TRY-Cu NCs 荧光的启发，开发了简便的荧光检测芹菜素平台，线性检测范围和检测限分别为 0.5～300 μmol/L 和 0.079 μmol/L。该荧光检测平台在食品、医药等领域具有巨大的芹菜素检测应用潜力。

第5章

聚乙烯亚胺稳定的银纳米团簇用于检测姜黄素

5.1 引言

姜黄素是从姜黄根茎中提取的一种天然化合物，具有抗癌、抗炎、抗氧化、抗癫痫、抗糖尿病等多种药理活性。在食品领域，姜黄素通常用作肉类食品着色剂和酸碱指示剂[233]。然而，过量使用姜黄素会引起一些副作用。因此，开发一种简便、廉价、超灵敏的姜黄素检测方法是非常重要的。迄今为止，检测姜黄素的方法主要有高效液相色谱法（HPLC）、紫外-可见分光光度法、毛细管电泳和电化学方法[234-242]。这些方法存在一定的局限性，比如重复性和选择性差、需要昂贵的仪器、操作复杂和耗时较长等。相比之下，荧光分析法因具有简便、灵敏度高和易于操作等优点受到越来越多的关注，并在生物、医学和分析检测等领域得到了广泛的应用。

近几十年以来，基于半导体量子点、有机染料和碳量子点的荧光分析法已被广泛用于测定姜黄素含量。例如，Hu[240] 等合成了氮和氯双掺杂碳量子点（N,Cl-CDs）并将其用于测定姜黄素含量，荧光猝灭机理为内滤效应，线性范围和检测限分别为 0.1～35 μmol/L 和 38 nmol/L。Jiang 等[241] 设计了一种双发射有机荧光传感器，并将其用于姜黄素的生物传感，检测限可低至 0.115 μmol/L。Yan 等[242] 在 200 ℃下制备了一种比率型荧光纳米探针，相应的线性范围和检测限分别为 2～14 μmol/L 和 18.11 nmol/L。尽管这些材料测量姜黄素时具有良好的线性范围和较低的检测限，但仍存在一些缺点，比如较大的毒性和苛刻的制备条件，限制了它们的应用。因此，开发更高效、低毒、易于制备的荧光传感系统仍是一项重要挑战。

银纳米团簇（Ag NCs）是一种新型的纳米材料，在基础研究和实际应用中引起了极大的关注。Ag NCs 具有许多优异的性能，包括良好的水溶性、大的斯托克斯位移、低毒性、优异的光稳定性和生物相容性[243,244]。迄今为止，合成 Ag NCs 的方法主要有电化学法、微波辅助法、模板辅助法和光还原法。此外，Ag NCs 已被广泛用于测定金属离子、非金属离子、葡萄糖和肝素等物质[245-247]。目前，Ag NCs 尚未见用于检测姜黄素。

基于此，本章使用聚乙烯亚胺为模板剂，以抗坏血酸（AA）为还原剂，通过化学还原法制备了高荧光性和水溶性的银纳米团簇（PEI-Ag NCs）。基于 PEI-Ag NCs 建立了用于检测姜黄素的荧光分析方法，并考察了 PEI-Ag NCs 的稳定性、选择性，进一步研究了荧光猝灭机理。最后，探究了 PEI-Ag NCs 在实际样品中的应用情况（图 5-1）。

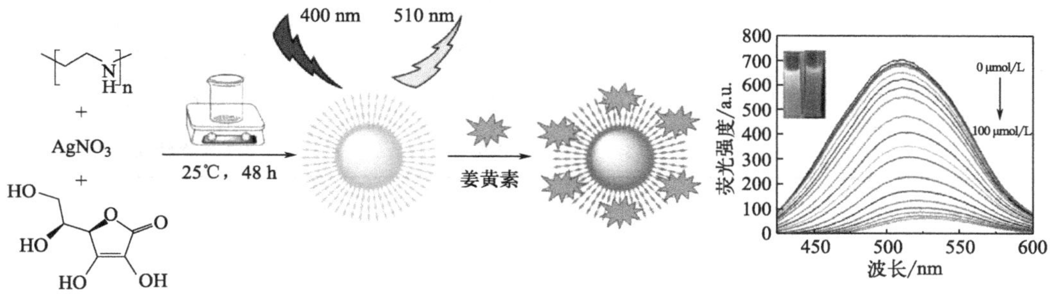

图 5-1 PEI-Ag NCs 的制备及检测姜黄素的示意图

5.2 研究思路与实验设计

5.2.1 实验药品

硝酸银（$AgNO_3$，99.8%）、抗坏血酸（AA，99.5%）和聚乙烯亚胺（PEI，M_W=10000 Da，99%）购自国药集团化学试剂有限公司。氯化镉（$CdCl_2$，99%）、氯化铜（$CuCl_2$，99%）、氯化锌（$ZnCl_2$，≥98%）、过氧化氢溶液（H_2O_2，质量分数 30%）、半胱氨酸（Cys，99%）、酪氨酸（Tyr，99%）、姜黄素（Cur，99%）、牛血清蛋白（BSA，≥98%）、谷氨酸（99%）、苯丙氨酸（Phe，99%）、谷胱甘肽（GSH，99%）、胆固醇（99%）、麦角甾醇（≥95%）、谷甾醇（≥75%）和豆甾醇

(≥90%) 购自上海麦克林生化科技股份有限公司。

5.2.2 实验仪器

实验仪器见表 5-1。

表 5-1 实验仪器

仪器名称	型号	生产商
荧光分光光度计	F-7000	日本日立公司
傅里叶变换红外光谱仪	FTIR-8400S	日本岛津公司
X 射线光电子能谱仪	AXIS ULTRA DLD	日本岛津公司
透射电子显微镜	FEI Tecnai G2 F20	美国 FEI 公司
瞬态/稳态荧光分光光度计	FLS-1000	英国爱丁堡公司
紫外-可见分光光度计	U-2450	日本日立公司
pH 计	FE20	上海梅特勒公司

5.2.3 PEI-Ag NCs 的制备

本节采用快速、绿色的一锅法合成聚乙烯亚胺封端的 Ag NCs[150]。简而言之，将硝酸银溶液（250 μL，0.01 mol/L）和聚乙烯亚胺溶液（10 mL，0.25 mmol/L）分别加入 50 mL 圆底烧瓶中，在室温下搅拌 2 小时。用盐酸溶液（1 mol/L）将混合物的 pH 值调节至 5.0，然后将 300 μL 0.1 mol/L 的抗坏血酸溶液迅速滴入上述溶液中，在室温下反应 48 小时。溶液逐渐从无色变为淡黄色，表示 PEI-Ag NCs 合成成功。然后，将 PEI-Ag NCs 溶液在室温下离心并使用透析膜（M_W：3500Da）纯化 24 小时。纯化后的 PEI-Ag NCs 溶液在 4°C 下储存以备后续检测实验使用。

5.2.4 PEI-Ag NCs 检测姜黄素

以 PEI-Ag NCs 为荧光探针检测姜黄素，检测流程如下。采用微量注射器将一系列不同浓度的姜黄素溶液滴加至 PEI-Ag NCs 溶液中（使姜黄素的最终浓度分别为 0、

0.1、0.3、0.5、1、3、5、7、10、15、20、25、30、40、50、60、70、80、90 和 100 μmol/L)，室温下反应约 2 分钟。设置 E_x/E_m 狭缝为 10.0/10.0 nm，然后记录 510 nm 处的荧光光谱。

为了研究 PEI-Ag NCs 对姜黄素的选择性，使用不同的潜在参考物质来比较其荧光强度。具体过程如下：将潜在参考物质（Cd^{2+}、Cu^{2+}、Zn^{2+}、H_2O_2、Cys、Tyr、BSA、Phe、GSH、AA、谷氨酸、胆固醇、麦角甾醇、谷甾醇和豆甾醇）分别加到一系列 PEI-Ag NCs 水溶液（2 mL）中，室温下完全反应约 2 分钟，采用荧光分光光度计记录荧光信号。最后将姜黄素溶液（10 μL，0.01 mol/L）滴入含有不同潜在参考物质的 PEI-Ag NCs 溶液中用于干扰实验。

5.2.5　实际样品中姜黄素含量的测定

在牛血清样品（稀释）中研究 PEI-Ag NCs 检测姜黄素的实用性。将不同标准浓度的姜黄素溶液（5、20、50 μmol/L）加至稀释的牛血清样品中，测定相关荧光数据，计算回收率和 RSD 值。

5.3　结果与讨论

5.3.1　PEI-Ag NCs 的表征

在 25 ℃下，使用 AA 为还原剂制备了 PEI 保护的 Ag NCs。加入 AA 后，将混合物在室温下搅拌 48 小时，混合物的颜色逐渐从无色变为淡黄色，这表明 Ag NCs 制备成功。随后，采用荧光光谱、紫外-可见吸收光谱、X 射线光电子能谱（XPS）和透射电子显微镜（TEM）等多种表征方法研究了 PEI-Ag NCs 的结构、组成和光学性能。

为了获取 PEI-Ag NCs 最佳的激发和发射波长，研究了激发波长对 PEI-Ag NCs 发射波长的影响，如图 5-2(a) 所示，当激发波长从 360 nm 变化到 420 nm 时，发射峰从 500 nm 变化到 540 nm。PEI-Ag NCs 的最大激发和发射波长分别为 400 nm 和 510 nm［图 5-2(b)］。PEI-Ag NCs 水溶液在可见光下呈淡黄色，在紫外灯（365 nm）下显示绿色荧光。另外，分别研究了 PEI-Ag NCs、PEI 和 AA 的荧光发射和紫外-可见吸收光谱的差异。由图 5-2(c) 可见，PEI-Ag NCs 具有明显的荧光信号峰，而 PEI

和 AA 没有任何荧光信号。如图 5-2(d) 所示，PEI-Ag NCs 的 UV-vis 吸收光谱在约 325 nm 处有一个明显的峰值，而 PEI 和 AA 没有任何吸收峰。

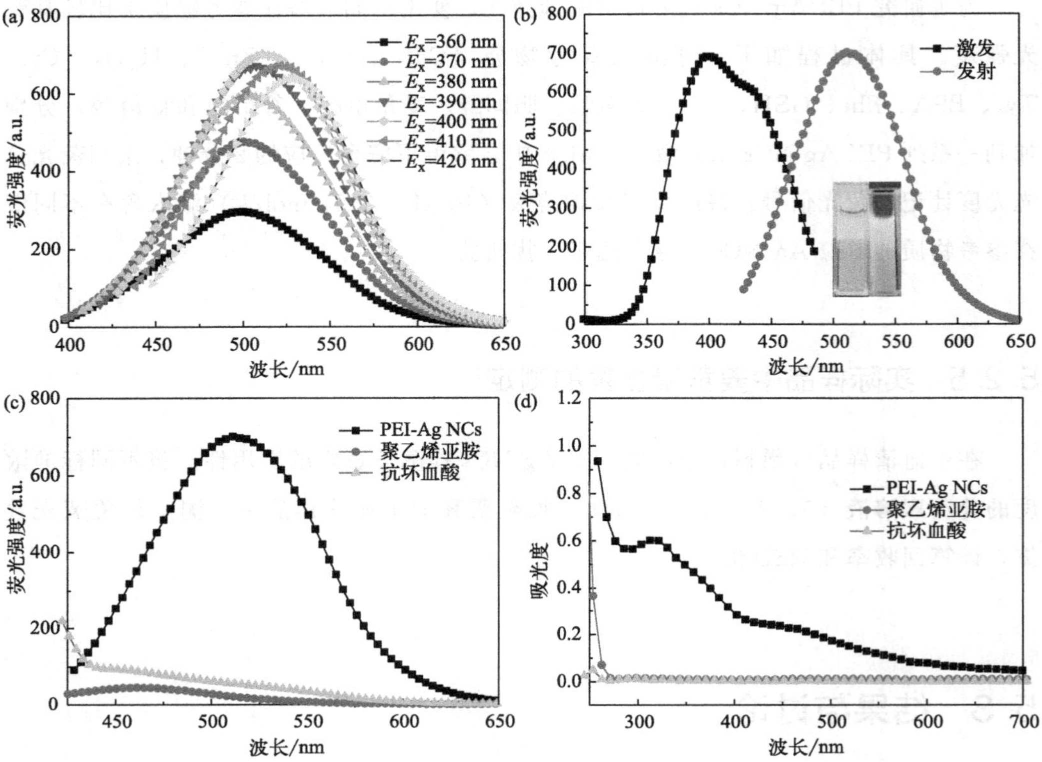

图 5-2 (a) PEI-Ag NCs 的不同发射谱图；(b) PEI-Ag NCs 的激发和发射谱图；(c) PEI-Ag NCs、聚乙烯亚胺和抗坏血酸的发射谱图；(d) PEI-Ag NCs、聚乙烯亚胺和抗坏血酸的紫外-可见吸收光谱图

采用透射电子显微镜（TEM）研究 PEI-Ag NCs 的形态特征和尺寸大小。PEI-Ag NCs 的 TEM 图像如图 5-3(a) 所示，PEI-Ag NCs 的分散性良好。如图 5-3(b) 所示，PEI-Ag NCs 的尺寸分布在 2.5～3.1 nm 的范围内。通过统计 100 个颗粒的直径，PEI-Ag NCs 的平均直径为（2.8±0.36）nm。同时，由于 PEI 的保护作用，没有观察到大的银纳米粒子或聚集现象。XPS 光谱表明 PEI-Ag NCs 中存在 Ag、C、N 和 O 等元素［图 5-3(c)］。如图 5-3(d) 所示，在 368.1 eV 和 374.3 eV 处为 Ag^0 的 $3d_{5/2}$ 和 $3d_{3/2}$ 的特征峰[248,249]。上述分析结果表明，PEI-Ag NCs 制备成功。

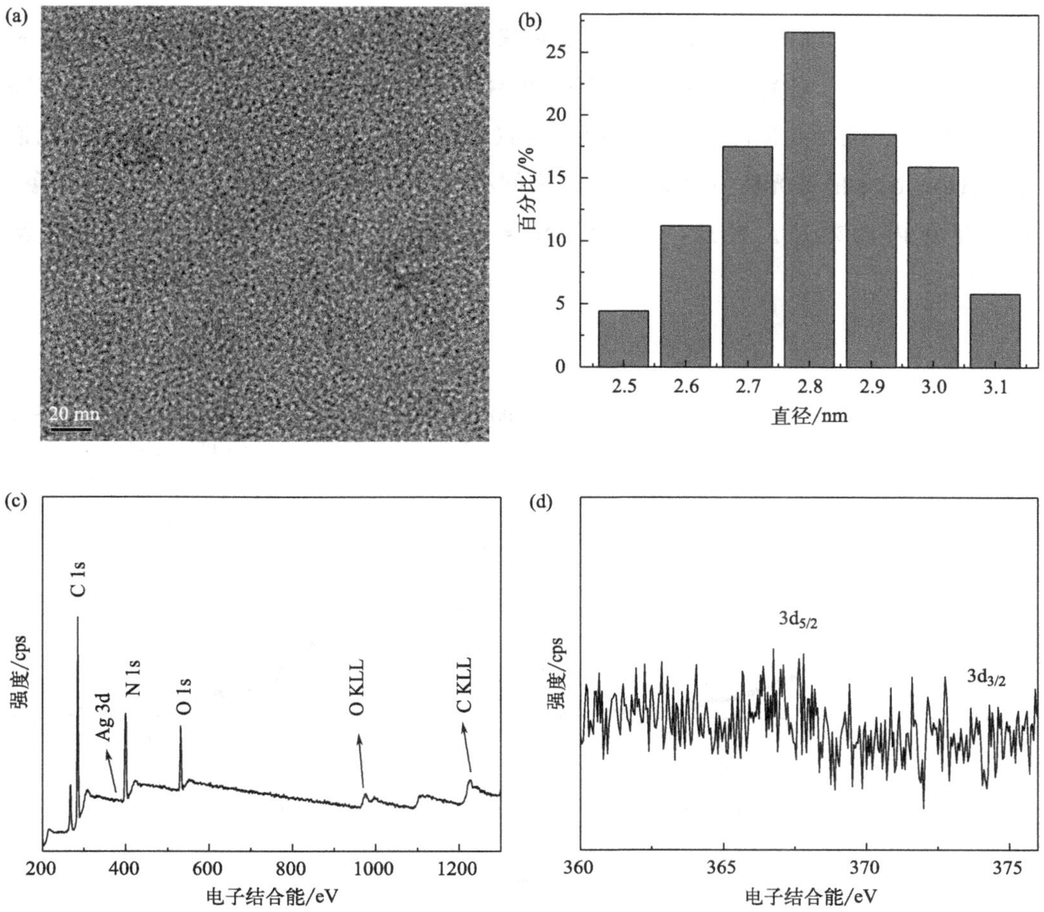

图 5-3 (a) PEI-Ag NCs 的 TEM 图像；(b) PEI-Ag NCs 的粒径分布图；
(c) PEI-Ag NCs 的 XPS 谱图；(d) Ag^0 的 XPS 谱图

5.3.2 检测机理

荧光猝灭机理主要有静态猝灭、动态猝灭、内滤效应、荧光共振能量转移等。通过紫外-可见吸收光谱、荧光寿命光谱和荧光光谱研究了 PEI-Ag NCs 的荧光猝灭机理。首先，讨论了 PEI-Ag NCs、姜黄素和 PEI-Ag NCs＋姜黄素混合物的紫外-可见吸收光谱。如图 5-4(a) 所示，与姜黄素相比，PEI-Ag NCs＋姜黄素混合物的吸收峰位置出现了蓝移，这可能是由于姜黄素的酚羟基与 PEI 的氨基之间形成了氢键。非荧光基态配合物的形成证明存在静态猝灭。因此，荧光猝灭机理为静态猝灭。此外，还研究了 PEI-Ag NCs 和 PEI-Ag NCs＋姜黄素混合物荧光寿命的差异。如图 5-4(b) 所示，PEI-Ag NCs 和 PEI-Ag NCs＋姜黄素混合物的荧光寿命分别为 4.730 ns 和 4.565 ns，即加入姜黄素后 PEI-Ag NCs 的荧光寿命没有明显变化。这一结果排除了动态猝灭和荧光共振能量转移。如图 5-4(c) 所示，姜黄素的紫外-可见吸收光谱与 PEI-Ag NCs 的荧光激发和发射光谱之间存在明显的重叠现象。基于这一现象，证明存在内滤效应。因此，PEI-Ag NCs 的荧光猝灭机理为静态猝灭和内滤效应[242]。

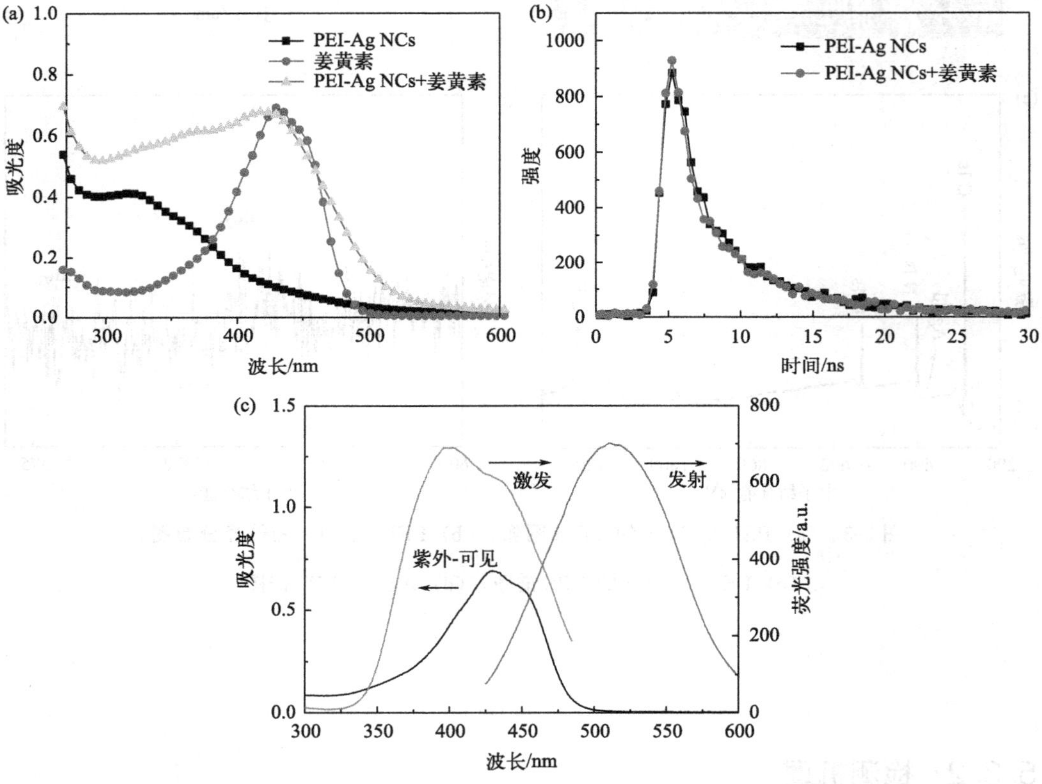

图 5-4 (a) PEI-Ag NCs、姜黄素和 PEI-Ag NCs＋姜黄素的紫外-可见吸收光谱图；(b) PEI-Ag NCs 和 PEI-Ag NCs＋姜黄素的荧光寿命谱图；(c) 姜黄素的紫外-可见吸收光谱图，PEI-Ag NCs 的激发和发射谱图

5.3.3 PEI-Ag NCs 的稳定性

荧光纳米材料的稳定性是评估其应用潜力的重要特征。本节研究了不同条件对 PEI-Ag NCs 荧光强度的影响。如图 5-5(a) 所示，在室温下储存 16 天后，PEI-Ag NCs 荧光强度没有发生明显变化。金属纳米团簇的光稳定性是提高其在标记、传感和生物成像中应用能力的主要特征之一。因此，在紫外灯观察了 PEI-Ag NCs 荧光强度的变化情况。如图 5-5(b) 所示，在紫外光（$\lambda = 365$ nm）下照射 30 min 后，PEI-Ag NCs 的荧光强度没有发现明显的变化，表明 PEI-Ag NCs 具有优异的光稳定性。最后，如图 5-5(c) 所示，在 0.3 mol/L 的氯化钠溶液中，PEI-Ag NCs 的荧光强度极其稳定。上述稳定性实验结果表明，在长期储存、紫外光照射后以及在高离子强度溶液下，PEI-Ag NCs 仍具有优异的稳定性，为其后续实验打下坚实基础。

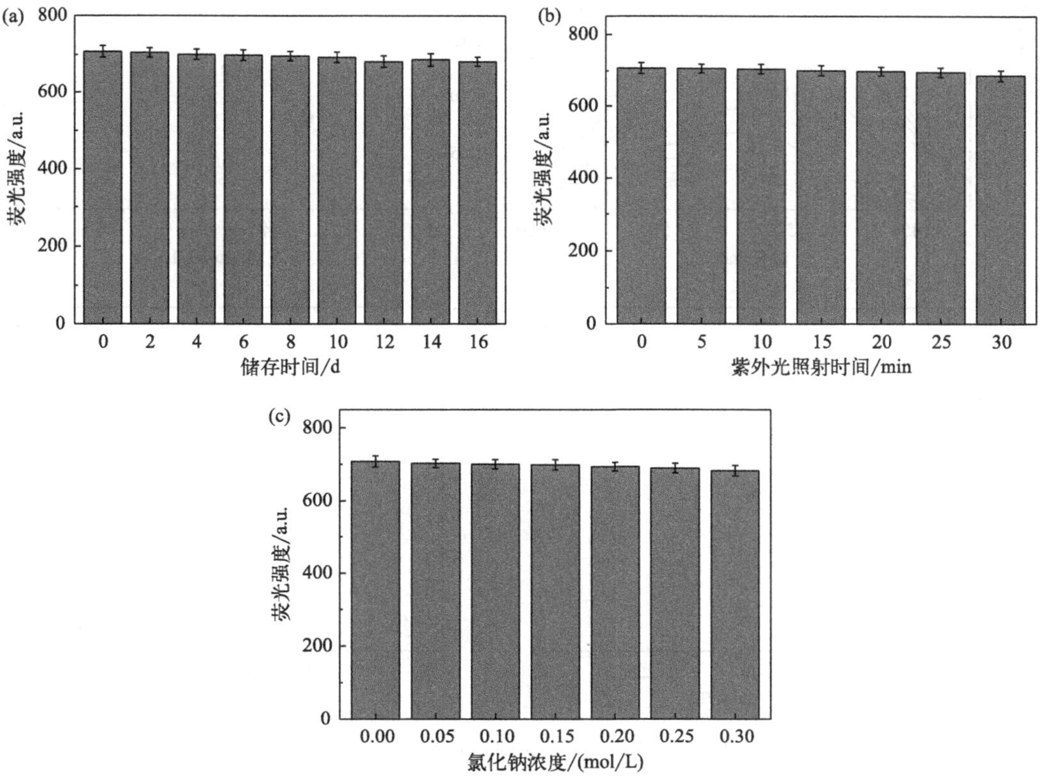

图 5-5　不同条件对 PEI-Ag NCs 荧光强度的影响

(a) 储存时间的影响；(b) 紫外光照射时间的影响；(c) 不同浓度氯化钠溶液的影响

5.3.4 PEI-Ag NCs 检测姜黄素

本节研究了 PEI-Ag NCs 定量检测姜黄素的可行性。当激发波长为 400 nm 时，PEI-Ag NCs 水溶液在 510 nm 处显示出强烈的荧光。加入姜黄素后，其荧光强度显著降低（图 5-6）。同时，存在姜黄素的情况下，PEI-Ag NCs 的绿色荧光被有效地猝灭。随后，在最佳检测条件下进行了灵敏性实验，添加了不同浓度的姜黄素（0、0.1、0.3、0.5、1、3、5、7、10、15、20、25、30、40、50、60、70、80、90 和 100 μmol/L）后，观察了 PEI-Ag NCs 溶液的荧光强度。如图 5-5(a) 所示，随着姜

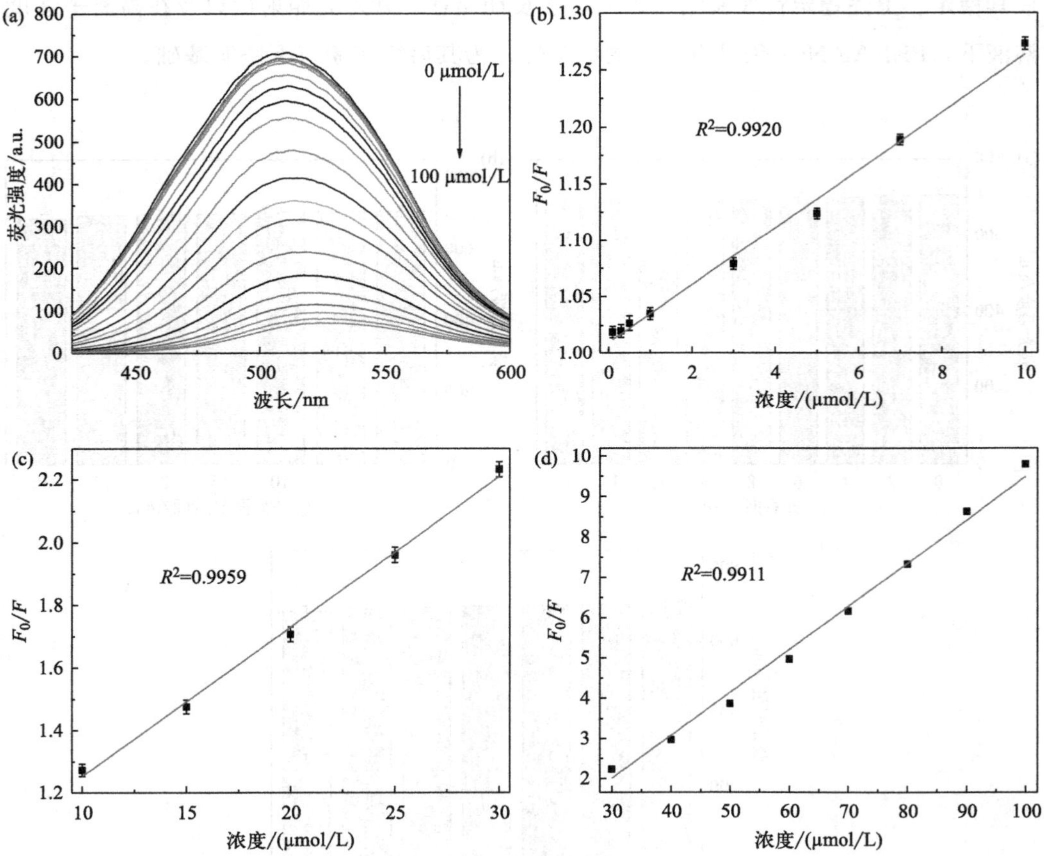

图 5-6 PEI-Ag NCs 检测姜黄素的可行性

(a) 不同姜黄素浓度下 PEI-Ag NCs 的发射谱图；(b) 0.1～10 μmol/L 范围内线性曲线；(c) 10～30 μmol/L 范围内线性曲线；(d) 30～100 μmol/L 范围内线性曲线

黄素浓度的增加，PEI-Ag NCs 荧光光谱出现猝灭和红移[240,241]。从图 5-6(b)、图 5-6(c) 和图 5-6(d) 可以看出，在 0.1～10 μmol/L、10～30 μmol/L 和 30～100 μmol/L 的范围内，相对荧光强度（F_0/F）与姜黄素浓度之间存在一系列线性关系。检测系统的线性拟合方程分别为 $F_0/F=0.0254$ [Cur] $+1.0097$（$R^2=0.9920$）（0.1～10 μmol/L），$F_0/F=0.0478$ [Cur] $+0.7752$（$R^2=0.9959$）（10～30 μmol/L）和 $F_0/F=0.1068$ [Cur] -1.1948（$R^2=0.9911$）（30～100 μmol/L）。相应的检测限为 0.027 μmol/L（$S/N=3$）。表 5-2 比较了不同姜黄素检测方法的线性范围和检测限间的差异。该荧光方法表现出更宽的线性范围或更低的检测限。本方法具有成本低和绿色环保等优势，在快速检测实际样品中姜黄素含量具有巨大的潜力。

表 5-2 不同的姜黄素检测方法

方法	探针	线性范围/(μmol/L)	检测限/(μmol/L)	参考文献
HPLC	—	1.34～1.87	0.15	[234]
紫外-可见吸收光谱	—	—	3.64	[235]
CE	—	9.9～107	4.1	[236]
电化学法	ERGO/GCE	0.2～60	0.1	[237]
荧光法	CDs	0.78～50	0.04	[238]
荧光法	NP-CDs	0.5～20	0.058	[239]
荧光法	N,Cl-CDs	0.1～35	0.038	[240]
荧光法	Bis-TPE	—	0.115	[241]
荧光法	CDs	2～14	0.018	[242]
荧光法	Ag NCs	0.1～100	0.027	—

5.3.5 选择性研究

在相同的条件下，研究了 PEI-Ag NCs 检测姜黄素的选择性。干扰物主要有 Cd^{2+}、Cu^{2+}、Zn^{2+}、H_2O_2、半胱氨酸、酪氨酸、牛血清白蛋白、谷氨酸、苯丙氨酸、谷胱甘肽、抗坏血酸、胆固醇、麦角甾醇、谷甾醇和豆甾醇。如图 5-7(a) 所示，上述干扰物对 PEI-Ag NCs 的荧光强度影响可忽略不计。这表明 PEI-Ag NCs 对姜黄素表现出高选择性。如图 5-7(b) 所示，与姜黄素明显的荧光猝灭相比，干扰物对

PEI-Ag NCs的荧光强度仅有轻微影响，这意味着基于PEI-Ag NCs测定姜黄素的方法具有良好的抗干扰能力。

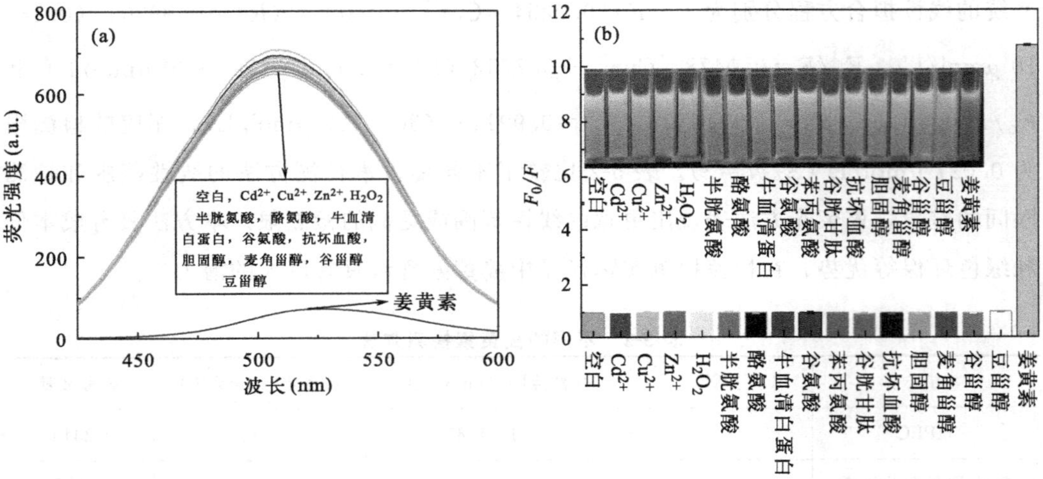

图 5-7　PEI-Ag NCs检测姜黄素的（a）选择性和（b）抗干扰性

5.3.6　实际样品中姜黄素含量测定结果

为了研究该荧光分析方法的分析能力，采用PEI-Ag NCs纳米传感器测定牛血清样品中的姜黄素含量，获得姜黄素的回收率。简而言之，将一系列已知浓度的姜黄素溶液滴入稀释的牛血清样品中，再将其滴到PEI-Ag NCs溶液中，然后用荧光分光光度计记录荧光强度。表5-3列出了加标样品中姜黄素的回收率。如表5-3所示，基于该荧光检测方法获得了令人满意的结果。在牛血清样品中，姜黄素的回收率为96.6%～109.2%。上述结果证实，PEI-Ag NCs基纳米探针能够用于真实样品中姜黄素含量的荧光检测。

表 5-3　牛血清样品中测定姜黄素

实际样品	添加浓度/(μmol/L)	检测浓度/(μmol/L)	回收率/%	RSD ($n=3$)/%
牛血清	5	5.46	109.2	5.85
	20	19.32	96.6	4.22
	50	51.74	103.5	4.17

5.4 小结

综上所述，以 PEI 为模板剂、AA 为还原剂，通过一锅法还原银离子制备了亮绿色荧光 PEI-Ag NCs。PEI-Ag NCs 具有良好的水溶性、优异的光稳定性和强抗离子性，可用于检测姜黄素。有趣的是，PEI-Ag NCs 的荧光可被姜黄素灵敏且选择性地猝灭，线性检测范围和检测限分别为 0.1～100 μmol/L 和 0.027 μmol/L。当姜黄素加入到 PEI-Ag NCs 溶液中，PEI-Ag NCs 的绿色荧光转变为淡黄色。在 PEI-Ag NCs 对姜黄素的选择性荧光检测中，静态猝灭和内滤效应起着关键作用。该检测方法可用于牛血清样品中姜黄素的检测，且具有很好的回收率。

第6章

组氨酸保护的银纳米团簇用于检测芦荟苷

6.1 引言

芦荟苷是一种蒽醌化合物，从单子叶植物纲百合科库拉索芦荟和木兰纲阿福花科好望角芦荟的叶子汁液中浓缩而来。近年来，芦荟苷因其抗肿瘤、解毒、抗菌、抗胃损伤、保肝和护肤等优良特性而受到广泛关注，可用于治疗便秘、湿疹、女性闭经和痔疮[250-253]。同时，它可以抑制病原体的生长和繁殖。然而，过量使用芦荟苷会引起一些副作用。动物实验表明，过量使用芦荟苷可能会增加大鼠盲肠和大肠癌和腺瘤的发生率[254]。因此，建立有效的芦荟苷定量分析方法是非常必要的。迄今为止，检测芦荟苷的分析方法主要有气相色谱/质谱法（GC/MS）、超高效液相色谱-串联质谱法（UPLC-MS/MS）和高效液相色谱法（HPLC）[255-257]。然而，这些检测方法存在各种缺点，如操作复杂、成本高、在水介质中缺乏高灵敏度和选择性、预处理程序复杂以及需要精密仪器等。因此，开发简便、快捷、低成本且适用于复杂基质的检测芦荟苷的新方法是一项艰巨的任务。

荧光分析方法因其成本低、可操作性强、选择性和灵敏度高等特点而受到广泛关注，并已被应用于许多领域，包括药物传感、细胞成像和催化[258,259]。荧光分析方法主要根据荧光强度增强或者减弱来观察荧光强度和分析物浓度之间的线性关系。荧光探针是荧光分析方法的核心。到目前为止，荧光探针主要有有机染料、量子点、碳量子点和金属纳米团簇[260-263]。金属纳米团簇作为一种新型的荧光纳米传感器，由于其优异的稳定性和水溶性而受到了更多的关注。例如，Guo 等[264] 报道四环素能够选择性和灵敏地猝灭抗坏血酸稳定的 Cu NCs 的荧光。相应的线性检测范围为 0.9～

70 μmol/L 和 80～150 μmol/L，荧光猝灭机理为静态猝灭和内滤效应。Lian 等[265]开发了一种基于半胱氨酸封端的铜纳米团簇（Cys-Cu NCs）的荧光“开启”探针，用于喹诺酮类药物的传感。该荧光传感器已成功用于测定片剂和人体尿液中的喹诺酮类药物，具有良好的回收率。Zhao 等[266]建立了一种基于谷胱甘肽稳定的金纳米团簇（GSH-Au NCs）的绿色荧光探针，用于检测 Co^{2+}。Dong 等[267]合成了香菇多糖稳定的铂纳米团簇（LNT-Pt NCs），用于葡萄糖的痕量分析，线性范围比传统分析方法更宽（5～1000 μmol/L），检测限更低（1.79 μmol/L）。Zhou 等[74]制备了聚乙烯亚胺为模板的银纳米团簇（PEI-Ag NCs），用于检测过氧化氢和葡萄糖。Wang 等[268]设计了基于荧光猝灭的铜纳米团簇，用于检测蛋白激酶活性。组氨酸（His）是一种氨基酸，具有一些活性官能团（氨基和羧基），可以提高金属纳米团簇的稳定性和水溶性。Cai 等[269]使用 His 为模板剂合成了 Cu NCs，实现了四环素的检测，检测限为 0.047 μmol/L。截止到目前，未见关于金属纳米团簇用于检测芦荟苷的报道。

本章首次将银纳米团簇应用于芦荟苷的检测，以抗坏血酸（AA）和 His 作为还原剂和稳定剂合成 His-Ag NCs（如图 6-1 所示）。His-Ag NCs 在紫外灯下显示蓝色荧光，最大激发和发射波长分别为 385 nm 和 468 nm。芦荟苷能够显著猝灭 His-Ag NCs 的荧光。同时，通过一系列表征方法详细研究了荧光猝灭的机理。芦荟苷作为一种药物，很可能存在于血清样本中。因此，研究了 His-Ag NCs 检测血清样本中芦荟苷含量的可行性。

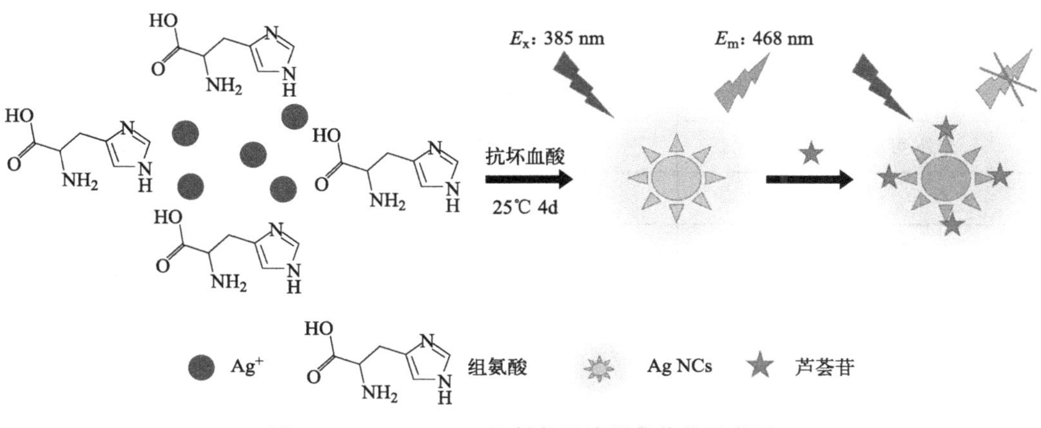

图 6-1　His-Ag NCs 的制备及检测芦荟苷示意图

6.2 研究思路与实验设计

6.2.1 实验药品

硝酸银（$AgNO_3$，AR）、L-组氨酸（His，≥99.0%）和抗坏血酸（AA，>99.0%）购自国药集团化学试剂有限公司。NaCl、KCl、$CaCl_2$、$CdCl_2$、$CrCl_3$、$HgCl_2$、$CuCl_2$、$MgCl_2$、$MnCl_2$、$NiCl_2$、$PbCl_2$、$ZnCl_2$、谷胱甘肽（GSH）、缬氨酸（Val）、甘氨酸（Gly）、色氨酸（Trp）、酪氨酸（Tyr）、半胱氨酸（Cys）、赖氨酸（Lys）、脯氨酸（Pro）、天冬氨酸（Asp）、甲硫氨酸（Met）、谷氨酸（Glu）、苏氨酸（Thr）和芦荟苷均是分析纯，并购自上海阿拉丁生物科技股份有限公司。

6.2.2 实验仪器

实验仪器见表 6-1。

表 6-1 实验仪器

仪器名称	型号	生产商
荧光分光光度计	F-7000	日本日立公司
傅里叶变换红外光谱仪	FTIR-8400S	日本岛津公司
X 射线光电子能谱仪	ESCALAB 250XI	美国赛默飞世尔科技公司
透射电子显微镜	FEI Tecnai F30	美国 FEI 公司
瞬态/稳态荧光分光光度计	FLS-1000	英国爱丁堡公司
紫外-可见分光光度计	U-2450	日本日立公司
pH 计	FE20	上海梅特勒公司
紫外分析仪	ZF-1	上海嘉鹏科技有限公司

6.2.3 His-Ag NCs 的制备

在实验之前，所有玻璃仪器均在王水溶液中浸泡 24 小时，再用乙醇和超纯水洗涤多次。His-Ag NCs 的制备步骤如下：将 500 μL 硝酸银溶液（0.005 mol/L）加到 9 mL 组氨酸溶液（0.05 mol/L）中，并不断搅拌 5 min，再逐滴加入 500 μL 抗坏血酸溶液（0.05 mol/L），室温下反应 4 d。溶液的颜色从无色转变为淡黄色，在 ZF-1 三用紫外分析仪上可以观察到蓝色荧光。在透析膜（截留分子质量 2000 Da）中纯化 His-Ag NCs 溶液，并在 4 ℃下储存以备后用。

6.2.4　His-Ag NCs 检测芦荟苷

首先，使用 His-Ag NCs 和 PBS 缓冲溶液配制探针溶液，即将 1000 μL His-Ag NCs 溶液添加至 1000 μL PBS 缓冲溶液（pH＝6.5）中，并在室温下不断搅拌 60 s。然后，将不同浓度的芦荟苷溶液滴加至探针溶液中。在室温下培育 60 s 后，采用荧光分光光度计记录荧光光谱和强度。随后，在相同条件下进行选择性实验，对照物质主要有 Na^{+}、K^{+}、Ca^{2+}、Cd^{2+}、Cr^{3+}、Hg^{2+}、Cu^{2+}、Mg^{2+}、Mn^{2+}、Ni^{2+}、Pb^{2+}、Zn^{2+}、GSH、Val、Gly、Trp、Tyr、Cys、Lys、Pro、Asp、Met、Glu、Thr（浓度均为 200 μmol/L）。

6.2.5　实际样品中芦荟苷浓度测定

牛血清样本购自上海阿拉丁生物科技股份有限公司，红茶从超市购买。采用缓冲溶液稀释牛血清样本。采用加标法测定实际样品中芦荟苷的浓度，进而计算回收率。回收率计算方程如式(6-1) 所示。

$$回收率=\frac{测量浓度}{添加浓度}\times 100\% \tag{6-1}$$

6.2.6　His-Ag NCs 的荧光量子产率计算

采用 Huang 等[270] 报道的方法测定 His-Ag NCs 的荧光量子产率，在相同的激发波长和狭缝带宽下测量相关数据。计算公式如式(6-2) 所示。

$$QY=\frac{I}{I_R}\times\frac{A_R}{A}\times\frac{\eta^2}{\eta_R^2}\times QY_R \tag{6-2}$$

式中，QY 表示 His-Ag NCs 的荧光量子产率；I 表示荧光光谱下的积分面积；η

表示溶剂的折射率；A 表示激发波长下的 UV-vis 吸光度；R 是参照物（硫酸奎宁）。

6.3 结果与讨论

6.3.1 His-Ag NCs 表征

如图 6-2(a) 所示，His-Ag NCs 的激发和发射波长的最大值分别为 385 nm 和 468 nm，在紫外-可见吸收光谱的 400 nm 附近出现明显的吸收峰。His-Ag NCs 溶液在白炽灯和紫外灯下分别呈现淡黄色和蓝色。同时，比较了 $AgNO_3$、AA、His 和 His-Ag NCs 的荧光发射和紫外-可见吸收光谱。如图 6-2(b) 所示，His-Ag NCs 谱图中有一个明显的荧光峰，而 $AgNO_3$、AA 和 His 没有，表明荧光信号来源于 His-Ag

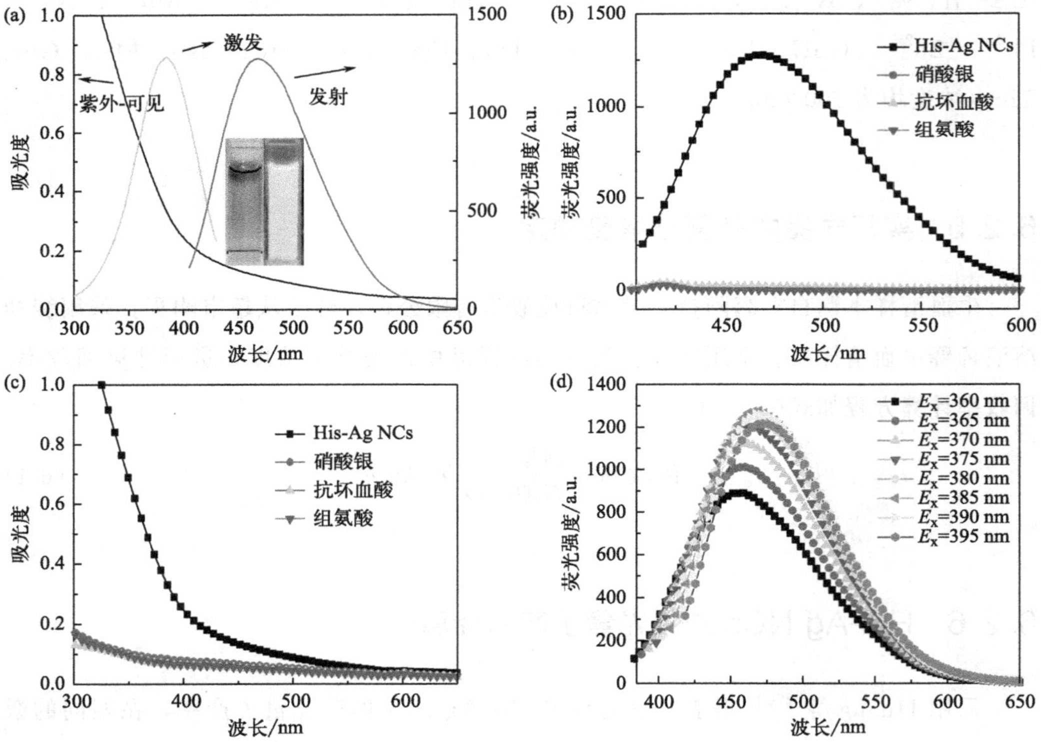

图 6-2 (a) His-Ag NCs 的紫外-可见吸收光谱、激发和发射谱图；(b) $AgNO_3$、AA、His 和 His-Ag NCs 的发射谱图；(c) $AgNO_3$、AA、His 和 His-Ag NCs 的紫外-可见吸收光谱；(d) 不同激发波长下 His-Ag NCs 的发射谱图

NCs 而不是 $AgNO_3$、AA 和 His。如图 6-2(c) 所示，His-Ag NCs 在 400 nm 附近有一个吸收峰。上述结果表明，His-Ag NCs 合成成功。此外，研究了 360～395 nm 范围内激发波长对 His-Ag NCs 发射波长的影响。如图 6-2(d) 所示，随着激发波长从 360 nm 增加到 385 nm，His-Ag NCs 发射波长逐渐增加；当激发波长从 385 nm 变至 395 nm 时，发射波长逐渐减小。结果表明，His-Ag NCs 具有激发依赖性，这与 His-Ag NCs 的粒径分布或不同的发射中心有关[216,271]。根据式(6-2)，His-Ag NCs 的荧光量子产率为 5.9%。

如图 6-3(a) 所示，His-Ag NCs 具有优异的粒径分布并且其形态为球形。据统计，His-Ag NCs 粒径主要分布在 1.9～2.5 nm 之间，平均粒径为 2.25 nm。如图 6-3(b)，3425 cm^{-1} 和 3414 cm^{-1} 附近的特征峰为 N—H 键的伸缩振动。3010 cm^{-1} 附

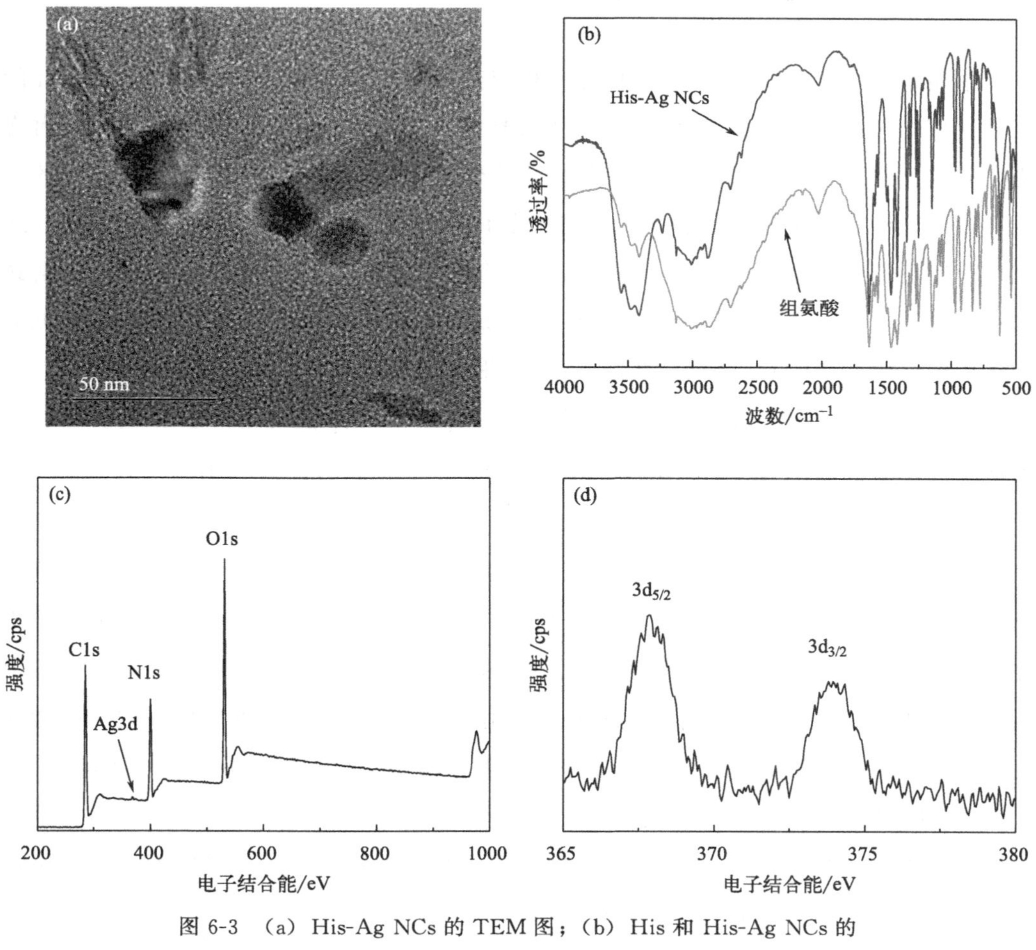

图 6-3　(a) His-Ag NCs 的 TEM 图；(b) His 和 His-Ag NCs 的红外谱图；(c) His-Ag NCs 的 XPS 谱图；(d) 银的 XPS 谱图

近的特征峰为—OH 的伸缩振动。2886 cm^{-1} 附近的特征峰为 C—H 的伸缩振动。1635 cm^{-1} 和 1148 cm^{-1} 处为 C═O 和 C—N 的伸缩振动。1568 cm^{-1} 和 1463 cm^{-1} 处为 N—H 和 C—H 的弯曲振动[271,272]。傅里叶变换红外光谱表明，组氨酸已成功附着在银原子表面。利用 X 射线光电子能谱（XPS）讨论了 His-Ag NCs 的元素组成和元素氧化态。如图 6-3(c) 所示，287.0 eV、399.73 eV、531.05 eV 和 370.73 eV 分别为 C1s、N1s、O1s 和 Ag3d 的特征峰，表明 His-Ag NCs 中存在 C、O、N 和 Ag 元素。如图 6-3(d) 所示，367.90 eV 和 373.92 eV 分别为 $Ag3d_{5/2}$ 和 $Ag3d_{3/2}$ 的特征峰。结果表明，Ag^+ 被成功还原为 Ag^0[273,274]。根据上述表征结果，His-Ag NCs 制备成功。

6.3.2 检测机理

采用紫外-可见吸收光谱、荧光光谱和荧光寿命研究 His-Ag NCs 检测芦荟苷的机理。首先讨论了芦荟苷的紫外-可见吸收光谱与 His-Ag NCs 的荧光激发和发射光谱之间的关系。如图 6-4(a) 所示，芦荟苷的紫外-可见吸收光谱与 His-Ag NCs 的激发和发射光谱出现明显的重叠现象，可能是由内滤效应引起的。采用帕克方程［式(6-3)］来证实上述猜想[275,276]。式(6-3) 中每个符号的含义列于表 6-2 中。根据式(6-3) 得到的 F_{cor}/F_{obsd} 值如表 6-3 所示。His-Ag NCs 的 A_{ex} 和 A_{em} 从紫外-可见吸收光谱中获取［如图 6-4(b)］。如图 6-4(b) 和表 6-3 所示，随着芦荟苷浓度的增加，F_{cor}/F_{obsd}、A_{ex} 和 A_{em} 值逐渐增加。同时，E_{obsd} 和 E_{cor} 值随着芦荟苷量的增加而增加，而 E_{obsd} 值始终大于 E_{cor}。实验结果进一步证明，荧光猝灭机理为内滤效应[277]。

此外，还研究了是否存在静态猝灭或动态猝灭效应。如图 6-5(a) 所示，与芦荟苷、His-Ag NCs 的紫外-可见吸收光谱相比，His-Ag NCs＋芦荟苷的紫外-可见吸收光谱中出现了一个新的吸收峰，可能是 His-Ag NCs 中的—OH 或—NH_2 与芦荟苷中的—OH 之间形成氢键导致的。上述相互作用导致了非荧光物质的形成，因此可能存在静态猝灭。再采用荧光寿命来区分静态猝灭和动态猝灭。如图 6-5(b) 所示，His-Ag NCs 和 His-Ag NCs＋芦荟苷的荧光寿命分别为 5.03 ns 和 4.98 ns。微弱的差值是由静态猝灭而非动态猝灭引起的。为了进一步证明初步结论，采用 Stern-Volmer 方程［式(6-4)］来证实存在静态猝灭。

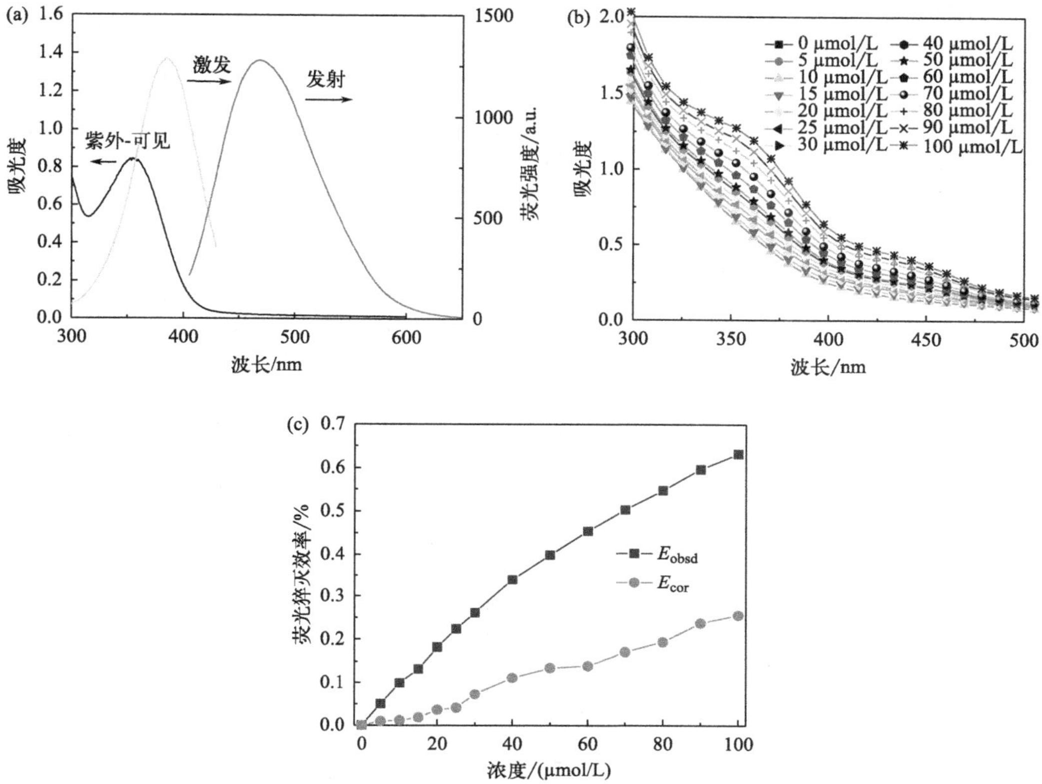

图 6-4　(a) 姜黄素的紫外-可见吸收光谱图、His-Ag NCs 的激发和发射谱图；(b) 不同芦荟苷浓度下探针溶液的紫外-可见吸收光谱图；(c) 荧光猝灭效率

表 6-2　式(6-3) 中参数意义

物理量	物理意义	值
F_{cor}	校正的荧光强度	—
F_{obsd}	测定的荧光强度	—
A_{ex}	激发波长下的吸光度	—
A_{em}	发射波长下的吸光度	—
s	激发光束的厚度	0.1 cm
d	比色皿的宽度	1.0 cm
g	激发光束边缘之间的距离	0.4 cm

表 6-3　不同浓度芦荟苷下检测体系吸光度及荧光猝灭效率值

芦荟苷浓度/(μmol/L)	A_{ex} (385 nm)	A_{em} (468 nm)	$\frac{F_{cor}}{F_{obsd}}$	E_{obsd}	E_{cor}
0.0	0.299	0.115	1.55	0	0
5.0	0.326	0.129	1.62	0.0506	0.00952
10.0	0.362	0.144	1.71	0.0995	0.0116
15.0	0.385	0.151	1.76	0.132	0.0184
20.0	0.414	0.163	1.83	0.182	0.0363
25.0	0.446	0.178	1.92	0.224	0.0411
30.0	0.466	0.175	1.95	0.261	0.0728
40.0	0.520	0.193	2.09	0.339	0.112
50.0	0.573	0.211	2.24	0.399	0.135
60.0	0.640	0.242	2.45	0.454	0.140
70.0	0.689	0.256	2.59	0.503	0.172
80.0	0.742	0.276	2.77	0.548	0.194
90.0	0.792	0.294	2.94	0.597	0.238
100.0	0.848	0.315	3.15	0.623	0.256

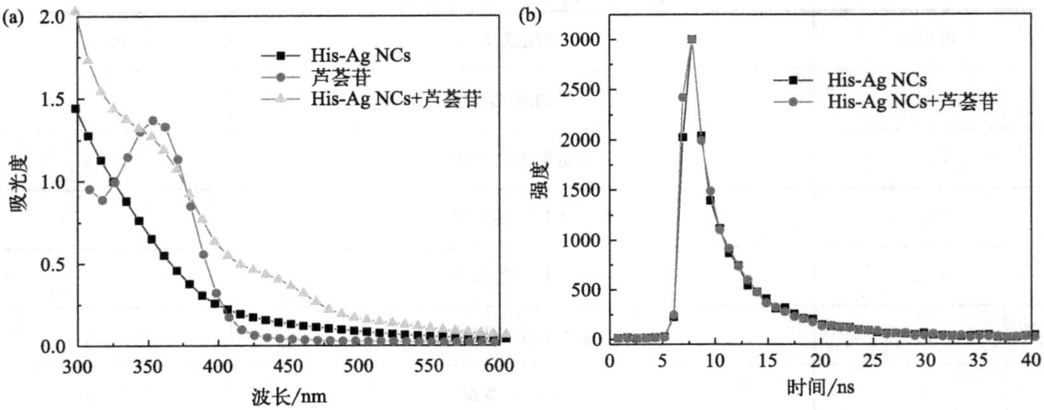

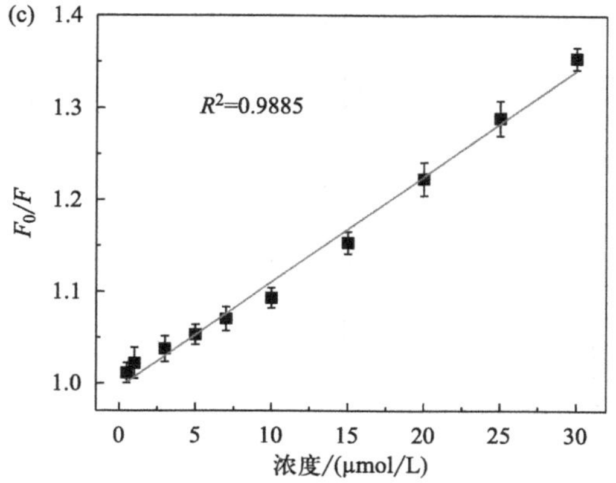

图 6-5 (a) His-Ag NCs、芦荟苷和 His-Ag NCs+芦荟苷的紫外-可见吸收光谱图；(b) His-Ag NCs 和 His-Ag NCs+芦荟苷荧光寿命谱图；(c) 相对荧光强度和芦荟苷浓度的线性关系

在式(6-4) 中，F_0 和 F 表示 His-Ag NCs 和 His-Ag NCs+芦荟苷的荧光强度。K_{SV} 是 Stern-Volmer 猝灭常数。[Q] 表示芦荟苷浓度 (μmol/L)，τ_0 表示 His-Ag NCs 的荧光寿命 (5.03 ns)。如图 6-5(c) 所示，K_{SV} 和 K_q 分别为 1.15×10^4 L/mol 和 2.29×10^{12} L/(mol · s)。K_q 值远大于 2×10^{10} L/(mol · s)，表明存在静态猝灭[278,279]。

$$\frac{F_{cor}}{F_{obsd}}=\frac{2.3dA_{ex}}{1-10^{-dA_{ex}}}10^{gA_{em}}\frac{2.3sA_{em}}{1-10^{-sA_{em}}} \tag{6-3}$$

$$F_0/F=1+K_{SV}[Q]=1+K_q\tau_0[Q] \tag{6-4}$$

6.3.3 His-Ag NCs 的稳定性

稳定性对 His-Ag NCs 的应用是非常重要的，本节分别研究了不同浓度氯化钠溶液、储存时间和紫外光照射对 His-Ag NCs 荧光强度的影响。如图 6-6(a) 所示，随着 NaCl 浓度的增加，His-Ag NCs 溶液的荧光强度基本保持不变，即使 NaCl 浓度达到 0.35 mol/L，荧光也没有明显增强或减弱，表明这种纳米探针具有优异的抗高离子强度能力。如图 6-6(b) 所示，室温下放置 20 天后，His-Ag NCs 的荧光强度略有变化，但变化不明显。如图 6-6(c) 所示，紫外光照射对 His-Ag NCs 荧光强度的影响很小。稳定性实验表明，His-Ag NCs 具有优异的稳定性，在生物和医学领域具有

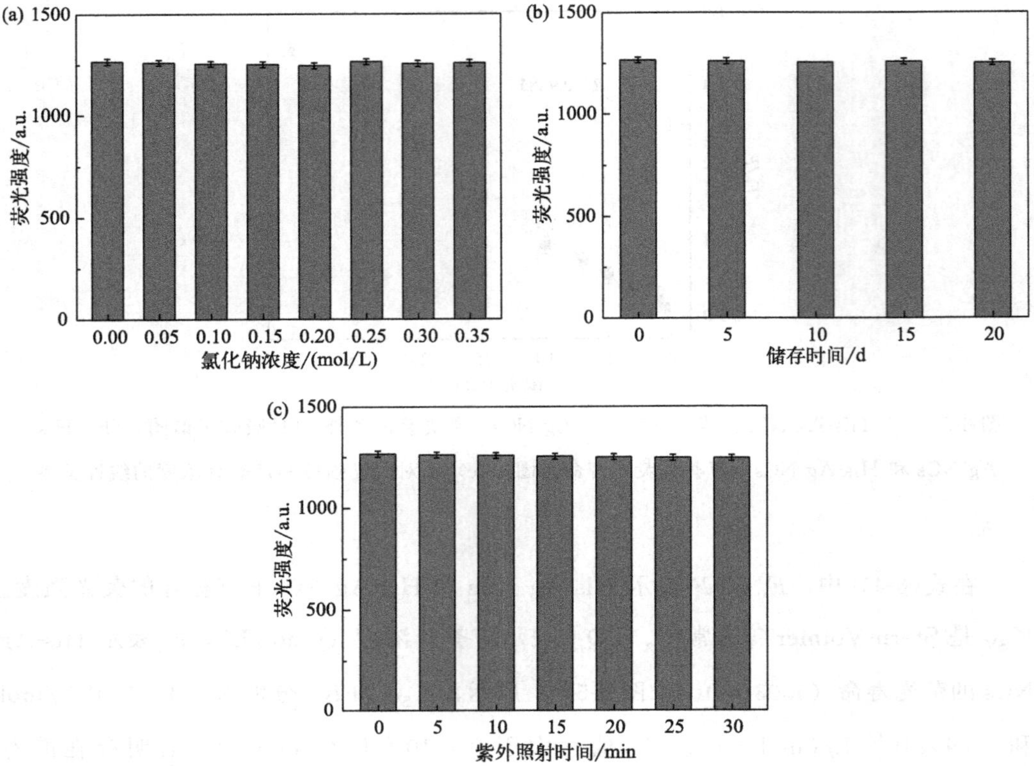

图 6-6　(a) 氯化钠浓度、(b) 储存时间和 (c) 紫外光照射时间对 His-Ag NCs 荧光强度的影响

巨大的潜力。

6.3.4 His-Ag NCs 检测芦荟苷

首先研究了检测时间对 His-Ag NCs 检测芦荟苷的影响。如图 6-7(a) 所示，加入芦荟苷 60 s 后，His-Ag NCs 的荧光强度很快达到稳定。此外，还研究了 pH 值在 6.0～8.0 之间传感系统的荧光强度变化情况。如图 6-7(b) 所示，当 pH 值为 6.5 时，差异（F_0—F）达到最大值。因此，在检测芦荟苷时，最佳检测时间和 pH 值分别为 60 s 和 6.5。

在最佳反应时间和 pH 值下研究了 His-Ag NCs 检测芦荟苷的线性关系。如图 6-7(c) 所示，随着芦荟苷浓度的增加，His-Ag NCs 在 468 nm 处的荧光强度逐渐降低。荧光强度和芦荟苷浓度具有极好的线性关系（R^2＝0.9974）［图 6-7(d)］。线性

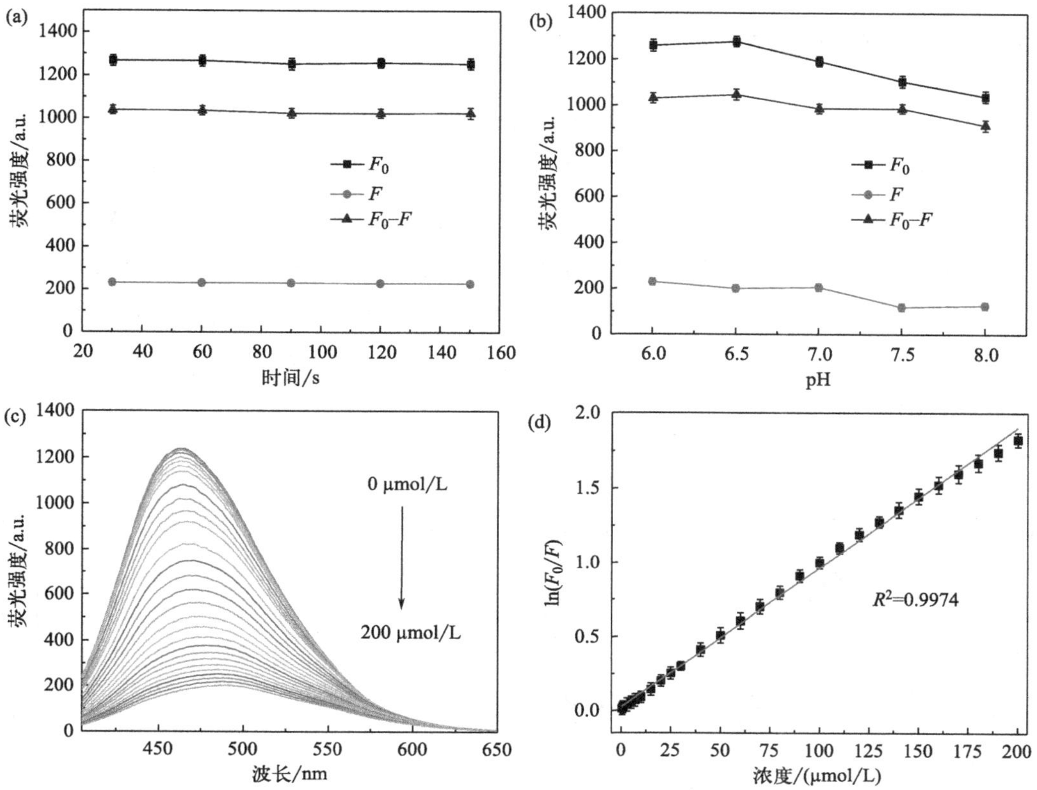

图 6-7　(a) 培育时间和 (b) pH 值对检测系统的影响；(c) 不同芦荟苷浓度所对应的 His-Ag NCs 的荧光光谱；(d) $\ln(F_0/F)$ 与芦荟苷浓度的线性关系

回归方程为 $\ln(F_0/F)=0.0094$[芦荟苷]$+0.022$，相应的检测限为 0.052 μmol/L ($S/N=3$)。与已报道的方法（表 6-4）相比，基于 His-Ag NCs 探针的荧光法比其他方法具有更高的灵敏度和更宽的检测范围。

表 6-4　不同方法对芦荟苷的检测效果

方法	探针	线性范围/(μmol/L)	检测限/(μmol/L)	参考文献
GC/MS	—	—	1.0	[255]
UPLC-MS/MS	—	0.0024～2.39	0.0012	[256]
HPLC	—	0.263～0.789	—	[257]
荧光法	His-Ag NCs	0.5～200	0.052	—

6.3.5 选择性研究

为了研究 His-Ag NCs 检测芦荟苷的选择性，本节研究了金属离子（Na^{+}、K^{+}、Ca^{2+}、Cd^{2+}、Cr^{3+}、Hg^{2+}、Cu^{2+}、Mg^{2+}、Mn^{2+}、Ni^{2+}、Pb^{2+} 和 Zn^{2+}）和其他结构相似的物质（GSH、Val、Gly、Trp、Tyr、Cys、Lys、Pro、Asp、Met、Glu 和 Thr）（浓度为 200 μmol/L）对 His-Ag NCs 荧光强度的影响，如图 6-8(a)～(d) 所示。当加入芦荟苷后，His-Ag NCs 的荧光强度明显降低，而在相同条件下加入其他物质后，荧光强度的变化可以忽略不计。因此，His-Ag NCs 作为荧光探针可以选择性地检测芦荟苷。

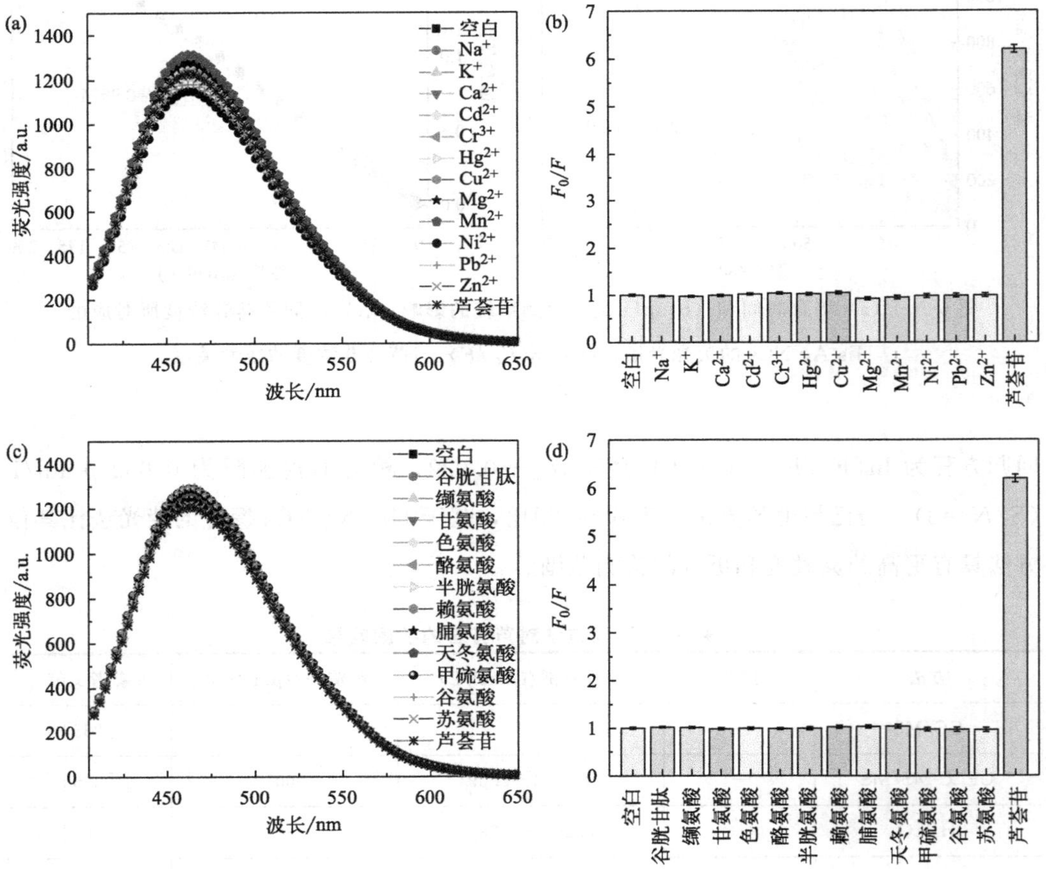

图 6-8　不同干扰物质存在下 His-Ag NCs 的（a、c）荧光光谱和（b、d）相对荧光强度

6.3.6 实际样品中芦荟苷含量测定结果

为了评估该探针的实用性，测定了牛血清样本和红茶样本中芦荟苷的含量。如表 6-5 所示，基于 His-Ag NCs 检测牛血清样品和红茶样品中芦荟苷的浓度，回收率为 90.8%～106.8%。同时，相对标准偏差不超过 8.0%，这表明该探针有望应用于实际样品中芦荟苷含量的检测。

表 6-5　实际样品中芦荟苷含量的检测

方法	实际样品	添加浓度/(μmol/L)	检测浓度/(μmol/L)	回收率/%	RSD(n=3)/%
荧光法	牛血清	20	18.15	90.8	2.25
		40	42.22	105.6	3.19
		60	58.2	97.0	2.87
	红茶	20	21.36	106.8	3.32
		40	41.52	103.8	3.44
		60	59.22	98.7	2.13
GC/MS	牛血清	20	21.86	109.3	3.35
		40	42.63	106.6	4.22

6.4 小结

本章首次通过化学还原法开发了一种用于检测芦荟苷的荧光检测方法，以 $AgNO_3$ 为前体、组氨酸为模板剂、抗坏血酸为还原剂制备 His-Ag NCs。所制得的 His-Ag NCs 具有优异的光稳定性和荧光性能。芦荟苷能够猝灭 His-Ag NCs 的荧光。基于此，建立了芦荟苷的荧光传感平台。$\ln(F_0/F)$ 与芦荟苷浓度的线性范围为 0.5～200 μmol/L，检测限为 0.052 μmol/L。同时，荧光猝灭机理为静态猝灭和内滤效应。His-Ag NCs 在许多领域都有巨大的应用前景。

第7章

色氨酸稳定的金纳米团簇用于检测呋喃它酮

7.1 引言

呋喃它酮是一种硝基呋喃类抗生素，对大肠埃希菌和沙门菌具有良好的抗菌作用，可以治疗消化道感染，具有疗效高、抗菌谱广等优点。它在水产养殖中还曾被用于预防细菌传染病和促进牲畜生长[280-282]。在渔业生产中，硝基呋喃类抗生素的广泛使用造成了细菌耐药性的产生和药物残留问题。研究表明，呋喃它酮在体内的代谢产物具有明显的致畸、致癌等毒副作用，通过食物链传递后可能会对消费者的健康产生重大影响。因此，有必要准确掌握呋喃它酮的浓度，建立简单、灵敏、高效的呋喃它酮传感检测方法具有重要意义。

到目前为止，检测呋喃它酮的方法主要有电化学法、液相色谱-串联质谱（LC-MS/MS）、酶联免疫吸附分析（ELISA）、高效液相色谱-UV-vis 光电二极管阵列检测（HPLC-DAD）法、液相和电喷雾电离串联质谱法[283-284]。这些常见的检测方法存在需要高成本的设备、烦琐的操作步骤、依赖专业人员和样品预处理耗时长等问题，极大地限制了它们的实际应用。相比之下，荧光法具有简单、高效、灵敏且价格低廉等优点，可实现目标物极低浓度的精准测定。到目前为止，荧光法尚未广泛应用于呋喃它酮的测定。当前常用的荧光材料主要包括有机染料、量子点和金属纳米团簇。其中，有机染料通常难以降解，重金属量子点毒性大，均会对环境和健康造成一定的危害。然而，金属纳米团簇因其强烈的荧光、微小的尺寸和优异的稳定性等不同寻常的特性而引起了越来越多的关注。金属纳米团簇是由几个到几十个金属原子组成，其平均粒径小于 5 nm，可以用作新型荧光探针。由于量子限域效应，金属纳米团簇具有优异的生物相容性和强荧光性能[285,286]。

金纳米团簇（Au NCs）作为荧光纳米传感器在离子、生物小分子和药物分子的传感方面引起了极大的关注[287]。Au NCs 具有与分子相似的性质，包括宽激发带、大斯托克斯位移、高量子产率和纳米尺寸。在色氨酸的保护下，合成的 Au NCs 在许多复杂环境中具有优异的生物相容性和良好的稳定性[288,289]。

本章以色氨酸为保护剂和还原剂，合成了色氨酸稳定的金纳米团簇（Trp-Au NCs），并研究了该金纳米团簇检测呋喃它酮的可行性（图 7-1）。由于内滤效应的存在，呋喃它酮使得该金纳米团簇的荧光减弱。Trp-Au NCs 的荧光响应与呋喃它酮含量的关系可用于建立一种新的线性荧光传感系统。该纳米传感器可用于检测真实样品中的呋喃它酮含量。

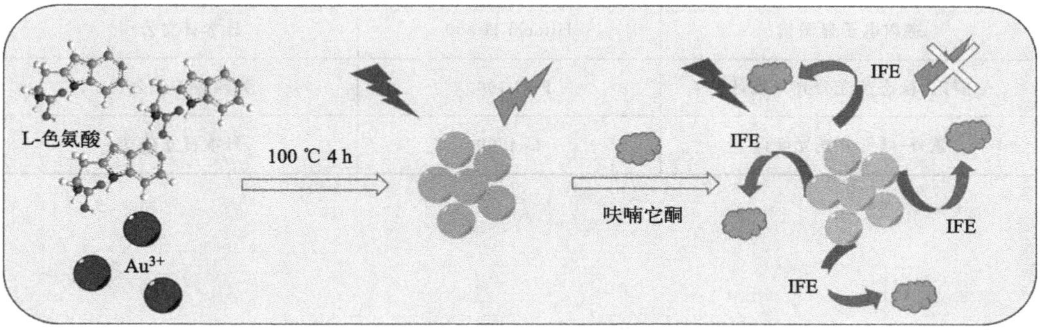

图 7-1　Trp-Au NCs 的制备及检测呋喃它酮示意图

7.2　研究思路与实验设计

7.2.1　实验药品

L-色氨酸（99%）、四氯金酸（≥99.9%）、呋喃它酮（98%）、L-甘氨酸（≥99%）、L-丙氨酸（99%）、L-组氨酸（≥99%）、L-丝氨酸（99%）、L-脯氨酸（99%）、L-半胱氨酸（99%）、抗坏血酸（≥99%）、谷胱甘肽（98%）、尿素（99%）、氯化钾（99.5%）、硫酸钠（≥99%）、氯化钠（99.5%）、枸橼酸（≥99.5%）、氟化钠（≥99%）、枸橼酸钠（99%）、溴化钠（99%）、碘化钠（99.5%）、一水碳酸钠（98%）、碳酸氢

钠（≥99%）均购自上海阿拉丁生物科技股份有限公司。

7.2.2 实验仪器

实验仪器见表 7-1。

表 7-1 实验仪器

仪器名称	型号	生产商
荧光分光光度计	F-7000	日本日立公司
傅里叶变换红外光谱仪	FTIR-8400S	日本岛津公司
X 射线光电子能谱仪	Thermo Escalab 250XI	美国电热公司
透射电子显微镜	Hitachi H-800	日本日立公司
瞬态/稳态荧光分光光度计	FLS-1000	英国爱丁堡公司
紫外-可见分光光度计	U-4500	日本日立公司

7.2.3 Trp-Au NCs 的制备

根据文献[290] 合成 Trp-Au NCs。将 10 mL 2.5 mmol/L L-色氨酸溶液和 10 mL 1.0 mmol/L 四氯金酸溶液充分混合，并搅拌 5 min，然后在 100 ℃下反应 4 h。溶液在紫外光灯下显示蓝色荧光，表明 Trp-Au NCs 制备成功。最后，将 Trp-Au NCs 溶液引入透析袋（M_W：1500 Da）透析 24 h，并储存在冰箱中。

7.2.4 Trp-Au NCs 检测呋喃它酮

呋喃它酮的测定方法如下：将 500 μL Trp-Au NCs 加至 1.5 mL 枸橼酸钠缓冲液（pH=6）中并不断搅拌 5 min，再加入不同浓度的呋喃它酮溶液进行线性模型研究。最后，培育 2 min 后在荧光分光光度计上获取荧光数据。利用以下物质考察 Trp-Au NCs 对呋喃它酮的选择性：L-甘氨酸、L-丙氨酸、L-组氨酸、L-丝氨酸、L-脯氨酸、L-半胱氨酸、抗坏血酸、谷胱甘肽、尿素、Na^+、K^+、F^-、Cl^-、Br^-、I^-、CO_3^{2-}、

HCO_3^-、SO_4^{2-}。

7.2.5　实际样品中呋喃它酮的分析

为了研究 Trp-Au NCs 在实际样品中检测呋喃它酮的可行性，从太原师范学院校园和药房获取湖水样品和葡萄糖样品，通过离心和过滤对样品进行处理。然后向湖水样品和葡萄糖样品中添加不同浓度的呋喃它酮溶液进行加标实验。此外，按 7.2.4 部分的流程，对呋喃它酮含量进行测定。

7.3　结果与讨论

7.3.1　Trp-Au NCs 的合成及表征

本章以 L-色氨酸为保护剂合成了 Au NCs。L-色氨酸由于其特殊的结构和官能团，在不使用其他还原剂的情况下，既可作为保护剂又可作为还原剂。金原子与 L-色氨酸官能团之间的络合作用可能是通过静电作用实现的。在合成过程中，当 L-色氨酸将 Au^{3+} 还原为 Au^0 时，Au^0 也能与 L-色氨酸螯合形成 Au NCs。随后，探讨了 Au^{3+} 与 L-色氨酸的物质的量比、反应温度、反应时间等制备条件对 Trp-Au NCs 荧光强度的影响。如图 7-2 所示，L-色氨酸与 Au^{3+} 的最佳物质的量比、反应温度和反应时间分别为 2.5、100 ℃和 4 h。

采用不同的表征手段对 Trp-Au NCs 的结构进行分析。如图 7-3(a) 所示，Trp-Au NCs 具有良好的分散性并呈现球状。粒径分布在 2.3～3.1 nm 之间，平均粒径为 (2.7±0.034) nm [图 7-3(b)]。通过 X 射线光电子能谱（XPS）讨论了元素的组成和氧化状态。如图 7-3(c) 所示，Trp-Au NCs 主要有 Au、C、N 和 O 元素，相应的峰分别位于 85.08 eV、286.06 eV、401.08 eV 和 532.10 eV。在 Au 的 XPS 光谱中，84.98 eV 和 88.58 eV 处的两个峰为 Au^0 的 Au 4f7/2 和 Au 4f5/2 特征峰 [图 7-3(d)]。如图 7-3(e) 所示，C ═C—C、C—N 和 C ═O/C ═N 键的电子结合能为 285.1 eV、286.2 eV 和 288.1 eV。如图 7-3(f) 所示，398.5 eV 和 400.6 eV 处为 N 的 C—N—C 和 C—N—H 键。在 O1s 的 XPS 单光谱中，O 的 O—C—O、C—OH 和 C ═O 键位于 530.9 eV、531.8 eV 和 533.1 eV [图 7-3(g)][291-293]。利用傅里叶变换红外光谱仪（FT-IR）进一步研究了 Trp-Au NCs 的表面官能团。如图 7-3(h) 所示，L-色氨

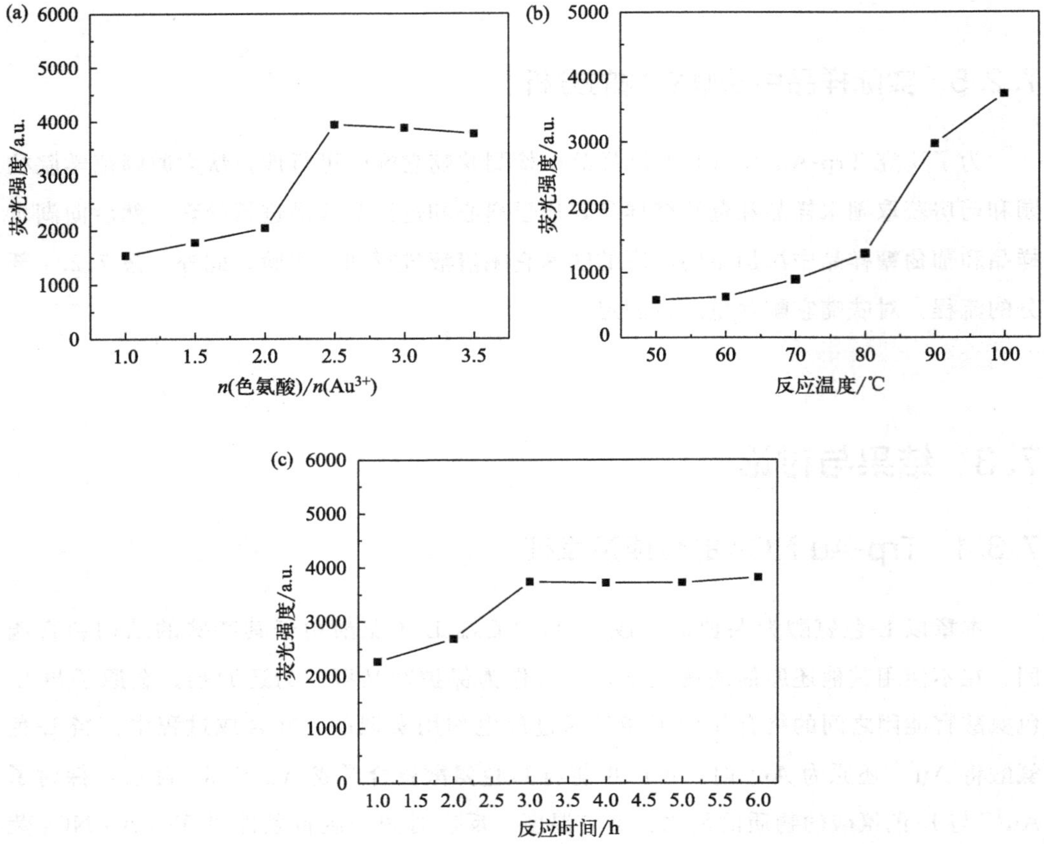

图 7-2　L-色氨酸与 Au^{3+} 的（a）物质的量比、（b）反应温度、（c）反应时间等制备条件对 Trp-Au NCs 荧光强度的影响

酸的特征官能团可在 3418.7 cm^{-1}、3343.2 cm^{-1}、1624.4 cm^{-1}、1600.2 cm^{-1}、1500.4 cm^{-1}、1460.8 cm^{-1}、1357.3 cm^{-1}、1123.7 cm^{-1}、958.4 cm^{-1} 和 813.8 cm^{-1} 处显示。3418.7 cm^{-1} 和 3343.2 cm^{-1} 处的峰为羟基或氨基的伸缩振动吸收峰。C═C 和 C═O 键的伸缩振动吸收峰在 2109.2 cm^{-1} 和 1624.5 cm^{-1}。1600.2 cm^{-1}、1500.4 cm^{-1} 和 1460.8 cm^{-1} 处的峰为苯环的骨架振动，1123.7 cm^{-1} 处的峰为 C—O 键的伸缩振动吸收峰。1357.3 cm^{-1} 和 813.8 cm^{-1} 处的峰值分别为 C—H 和 N—H 键的变形振动。958.4 cm^{-1} 处的峰为酸的 OH…O═变形振动。综上所述，Trp-Au NCs 制备成功。

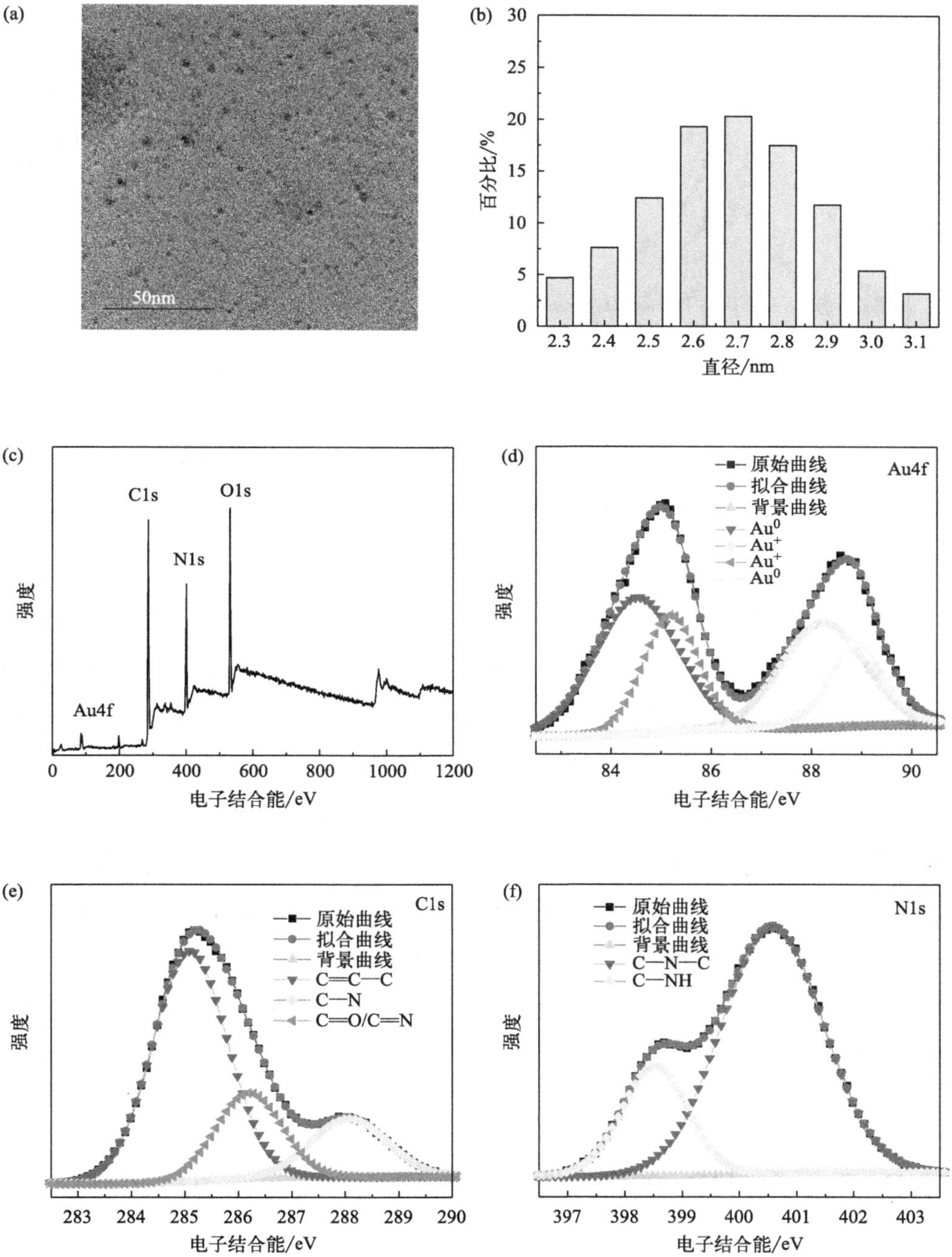
(a)
50nm
(b)
百分比/%
0
5
10
15
20
25
30
2.3
2.4
2.5
2.6
2.7
2.8
2.9
3.0
3.1
直径/nm
(c)
强度
C1s
O1s
N1s
Au4f
0
200
400
600
800
1000
1200
电子结合能/eV
(d)
Au4f
原始曲线
拟合曲线
背景曲线
Au0
Au+
Au+
Au0
强度
84
86
88
90
电子结合能/eV
(e)
C1s
原始曲线
拟合曲线
背景曲线
C═C—C
C—N
C═O/C═N
强度
283
284
285
286
287
288
289
290
电子结合能/eV
(f)
N1s
原始曲线
拟合曲线
背景曲线
C—N—C
C—NH
强度
397
398
399
400
401
402
403
电子结合能/eV
图 7-3

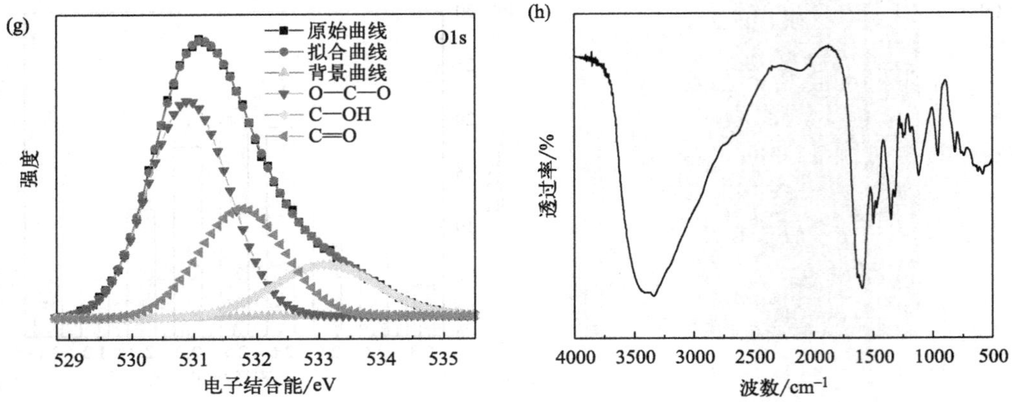

图 7-3 (a) Trp-Au NCs 的 TEM 图；(b) 粒径分布图；(c) Trp-Au NCs 的 XPS 谱图；(d) Au 4f 的 XPS 谱图；(e) C 1s 的 XPS 谱图；(f) N 1s 的 XPS 谱图；(g) O 1s 的 XPS 谱图；(h) Trp-Au NCs 的红外谱图

如图 7-4(a) 所示，Trp-Au NCs 的紫外-可见吸收光谱图在 375 nm 处有吸收峰，而 L-色氨酸和四氯金酸没有，说明金原子与 L-色氨酸之间存在相互作用。众所周知，发射波长是在激发波长的作用下得到的。因此，有必要研究激发波长对 Trp-Au NCs 的发射波长的影响。如图 7-4(b) 所示，当激发波长由 340 nm 增加至 390 nm（间隔 10 nm）时，Trp-Au NCs 发射波长也在发生变化，这与金纳米团簇的尺寸大小和表面缺陷有关。如图 7-4(c) 所示，Trp-Au NCs 的激发波长为 369 nm，发射波长为 452 nm。将呋喃它酮加入 Trp-Au NCs 体系时，Trp-Au NCs 的激发和发射荧光强度都出现明显降低，而激发峰和发射峰的位置没有移动。最后，研究了 Trp-Au NCs 的荧光起源。如图 7-4(d) 所示，只有 Trp-Au NCs 有明显的荧光发射信号，而色氨酸和四氯金酸没有。

7.3.2 Trp-Au NCs 的稳定性

上述结果表明，该金纳米团簇的成功合成来源于色氨酸对金原子的保护，该模型保证了金纳米团簇的稳定性，但仍需探索其稳定性情况。研究了储存时间、紫外光照射时间和 NaCl 浓度对 Trp-Au NCs 荧光的影响。如图 7-5(a) 所示，在低温（4 ℃）和室温下储存 2 个月后，Trp-Au NCs 荧光强度均没有出现明显的下降。如图 7-5(b)

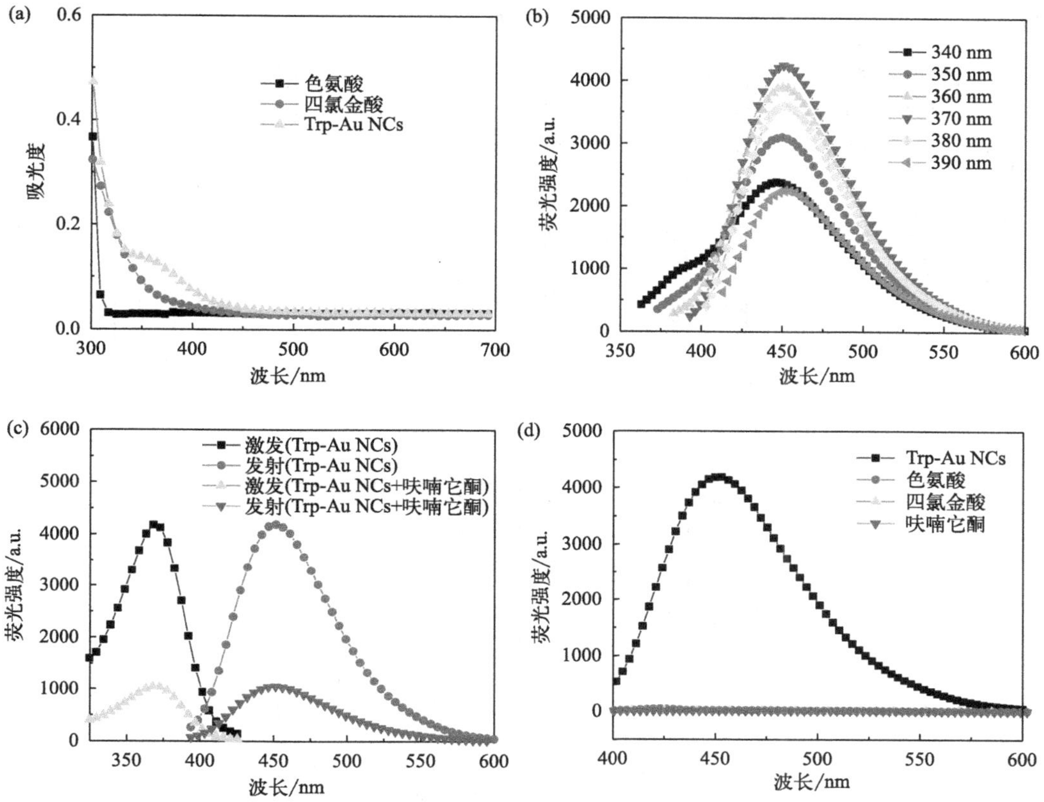

图 7-4　(a) Trp-Au NCs、色氨酸和四氯金酸的紫外-可见吸收光谱图；(b) 不同激发下 Trp-Au NCs 的发射谱图；(c) 添加呋喃它酮前后 Trp-Au NCs 的激发和发射谱图；(d) Trp-Au NCs、色氨酸和四氯金酸的发射谱图

所示，Trp-Au NCs 在紫外光照射 60 分钟后，荧光强度仅仅出现微弱的降低。如图 7-5(c) 所示，Trp-Au NCs 可以在高浓度的氯化钠溶液中仍保持很强的荧光。上述实验表明 Trp-Au NCs 具有优异的稳定性，为其后续检测实验打下良好的基础。

7.3.3 Trp-Au NCs 检测呋喃它酮

首先，研究了缓冲溶液 pH 值和反应时间对 Trp-Au NCs 检测呋喃它酮的灵敏度影响。如图 7-6(a) 所示，当缓冲溶液 pH 值为 6.0 时，$F_0—F$ 达到最大值。如图 7-6(b) 所示，$F_0—F$ 在 30 s 内迅速达到最大值。因此，最佳的检测 pH 值和反应时间分别

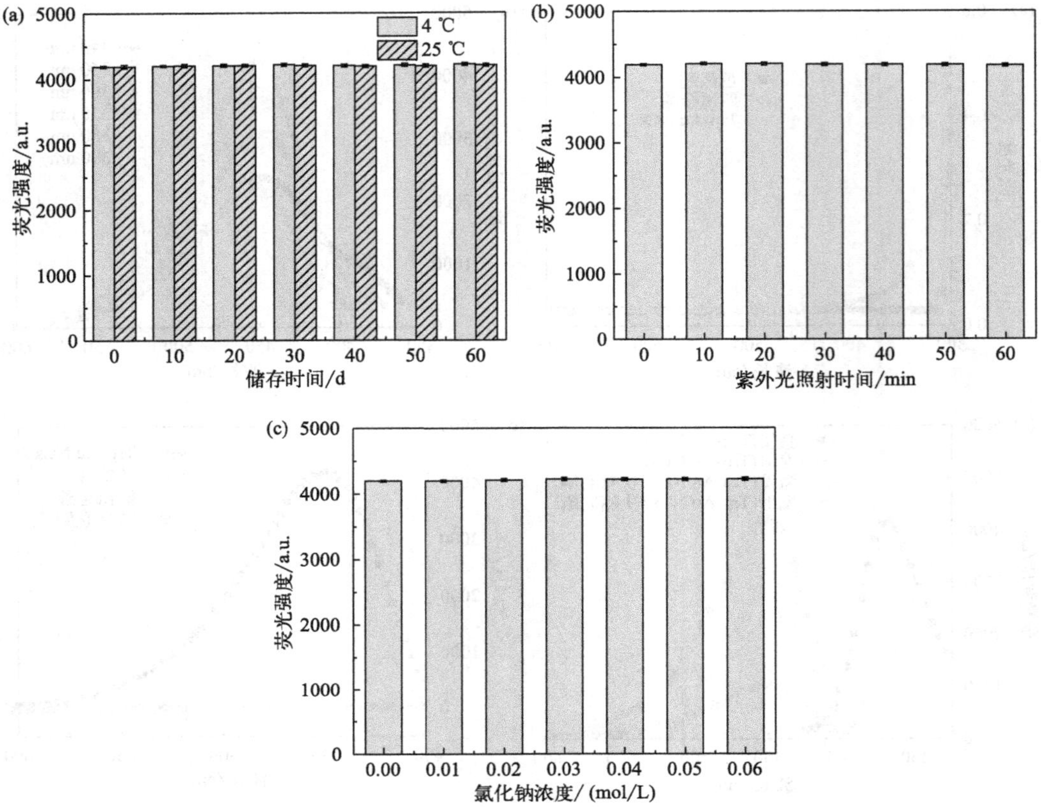

图 7-5 (a) 储存时间、(b) 紫外光照射时间和 (c) 不同浓度氯化钠溶液对 Trp-Au NCs 荧光强度的影响

为 6.0 和 30 s。在最佳的检测条件下进行线性研究。随着呋喃它酮浓度不断增加，Trp-Au NCs 的荧光强度规律性降低［图 7-6(c)］，表明该金纳米团簇可作为呋喃它酮的新型荧光纳米传感器。在 0.5～100 μmol/L 浓度范围内，$\ln(F_0/F)$ 与呋喃它酮浓度之间存在显著的线性关系，线性拟合曲线的方程为 $\ln(F_0/F)=0.0213[Q]+0.0186$［图 7-6(d)］。由“$3\sigma/k$”得出（“$\sigma$”代表空白溶液的标准偏差，“$k$”代表线性拟合曲线的斜率），检测限为 0.087 μmol/L。

如图 7-7(a) 所示，呋喃它酮的紫外-可见吸收光谱图在 362 nm 处出现明显的吸收峰，并且在 450 nm 后未发现任何特征吸收峰。当激发波长为 369 nm 时，Trp-Au NCs 显示出宽发射峰，范围为 395～600 nm (452 nm)。明显地，Trp-Au NCs 的激发光谱和呋喃它酮的紫外-可见吸收光谱之间出现明显的重叠现象。荧光猝灭原因可

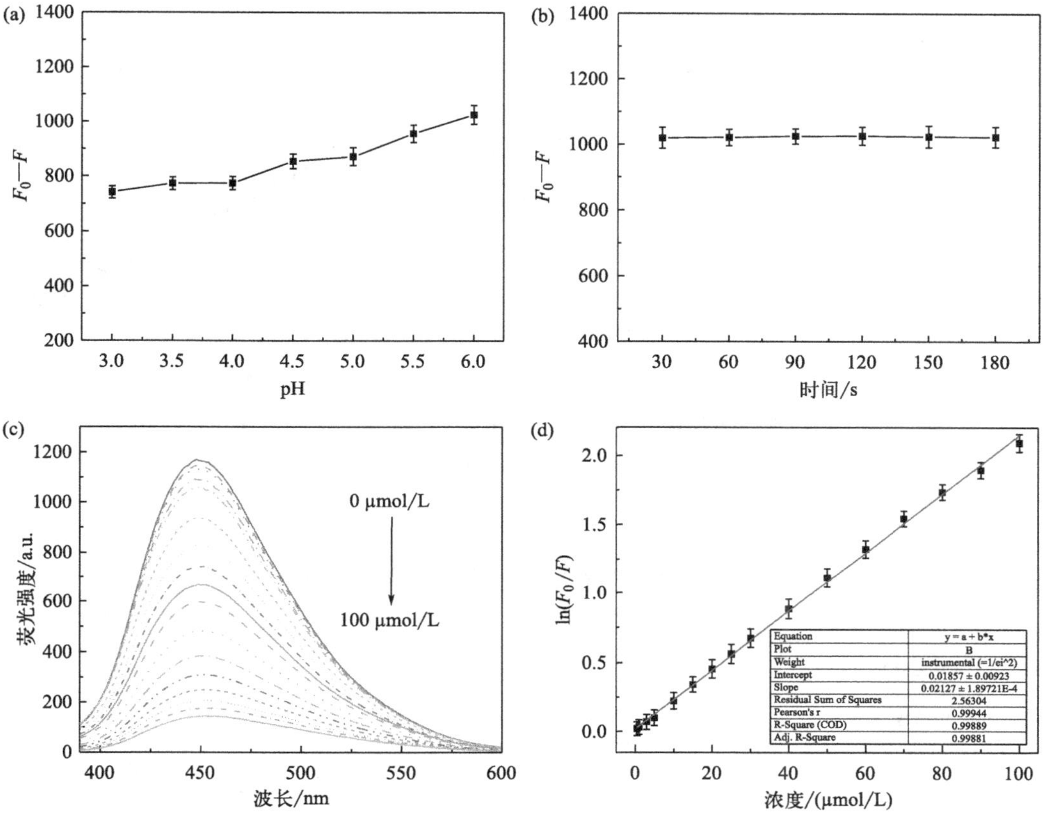

图 7-6　(a) pH 和 (b) 时间对 Trp-Au NCs 检测呋喃它酮的影响；(c) 不同浓度呋喃它酮下 Trp-Au NCs 溶液的发射谱图；(d) $\ln(F_0/F)$ 与呋喃他酮浓度的线性关系

能是内滤效应。进一步使用荧光寿命来验证这一推断。根据荧光寿命数据和公式 [$\tau=(B_1t_1^2+B_2t_2^2)/(B_1t_1+B_2t_2)$]，计算出未添加和添加呋喃它酮后 Trp-Au NCs 的荧光寿命分别为 12.38 ns 和 12.19 ns [图 7-7(b)]，荧光寿命的差异几乎可以忽略。因此，内滤效应是主要的猝灭原因[294-296]。

与已报道的呋喃它酮传感方法相比，本方法的线性范围和检测限表现出一定的优势（表 7-2）。常规分析方法普遍存在设备成本高、操作步骤烦琐、需要专业人员、样品前处理时间长等缺点。这些因素会限制传统方法的广泛应用。相比之下，荧光检测方法具有简便、高效、灵敏、价格低廉等优点，可以在很低的浓度下检测出目标物的含量。本章构建了基于 Trp-Au NCs 用于检测呋喃它酮的荧光传感器，可实现实际样品中呋喃它酮的荧光定量分析。

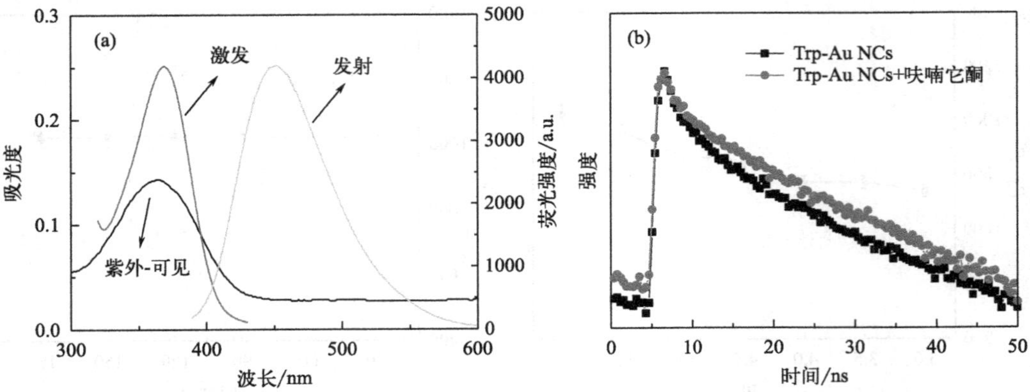

图 7-7 (a) 呋喃它酮的紫外-可见吸收光谱图，Trp-Au NCs 的激发和发射谱图；(b) Trp-Au NCs 和 Trp-Au NCs＋呋喃它酮的荧光寿命谱图

表 7-2 用于检测呋喃它酮的不同方法的比较

方法	线性范围/(μmol/L)	检测限/(μmol/L)	参考文献
电化学法	0.05～5	0.012	[282]
电化学法	0.1～316	0.00179	[283]
电化学法	0.008～91	0.002	[284]
荧光法	0.5～100	0.087	—

7.3.4 选择性研究

为实现荧光传感器对呋喃它酮的选择性荧光响应，以人血清样品中的生物分子和离子作为可能干扰物质进行选择性实验，如甘氨酸、丙氨酸、组氨酸、丝氨酸、脯氨酸、半胱氨酸、抗坏血酸、谷胱甘肽、尿素、Na^+、K^+、F^-、Cl^-、Br^-、I^-、CO_3^{2-}、HCO_3^-、SO_4^{2-}。如图 7-8 所示，加入呋喃它酮 (100 μmol/L) 后，相对荧光强度 (F_0/F) 出现显著变化，而加入干扰物质 (1000 μmol/L) 后，F_0/F 变化很小 (接近 1)。在干扰实验中，即使干扰物质的量达到呋喃它酮的 10 倍时，F_0/F 值变化也不大。因此，在干扰物质存在下，该纳米传感器对呋喃它酮具有较高的选择性。在接下来的实验中，将使用该传感器研究实际样品中检测呋喃它酮的可行性。

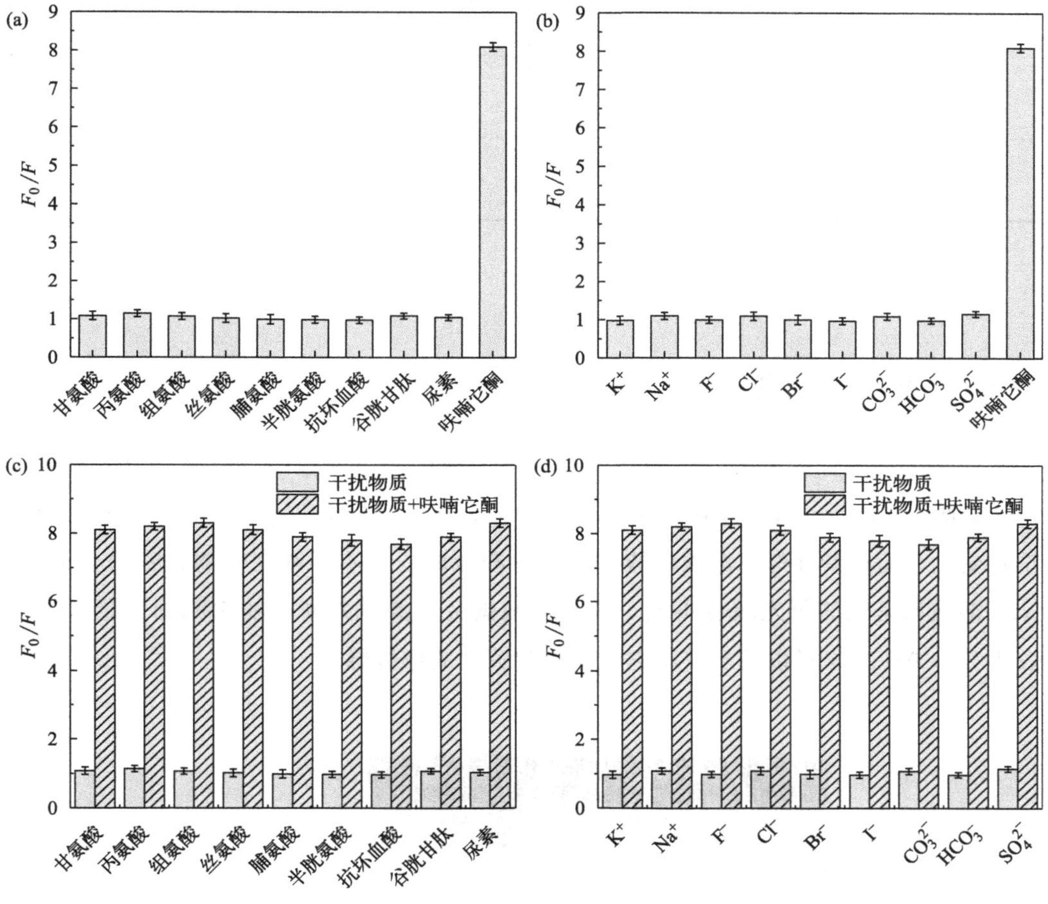

图 7-8　不同干扰物质存在下 Trp-Au NCs 对呋喃它酮的选择性（a、b）和抗干扰性（c、d）

7.3.5　实际样品中呋喃它酮含量的测定

为了进一步评价该纳米传感器在呋喃它酮测定中的实用性，使用湖泊水样和葡萄糖样品作为加标样品。然后将含有呋喃它酮的真实样品滴加至探针溶液中。根据图 7-6(d) 中的线性方程 $\ln(F_0/F)=0.0213[Q]+0.0186$，通过获得相关荧光数据计算实际样品中呋喃它酮的含量。如表 7-3 所示，该传感器获得的呋喃它酮浓度值几乎等于加标浓度。回收率和相对标准偏差（RSD）等证实该探针具有很高的准确度，在呋喃它酮的检测具有较高的应用价值。

表 7-3 河水和葡萄糖中呋喃它酮的测定

实际样品	实际浓度/(μmol/L)	添加浓度/(μmol/L)	检测浓度/(μmol/L)	回收率/%	RSD(n=3)/%
河水	0	20	21.72	108.6	3.44
		40	38.13	95.3	3.28
葡萄糖	0	20	21.55	107.8	2.99
		40	39.75	99.4	3.09

7.3.6 可视化检测

分别在日光灯和紫外灯下拍摄了含有不同浓度呋喃它酮的 Trp-Au NCs 溶液照片。如图 7-9 所示，随着呋喃它酮浓度的增加，在日光灯下 Trp-Au NCs 溶液的颜色没有变化，而在紫外灯下溶液的蓝色荧光逐渐减弱。含不同浓度呋喃它酮的 Trp-Au NCs 溶液所呈现的荧光颜色不同，因此可根据荧光颜色判断呋喃它酮的含量。结果表明 Trp-Au NCs 可以用于呋喃它酮的视觉荧光成像传感。

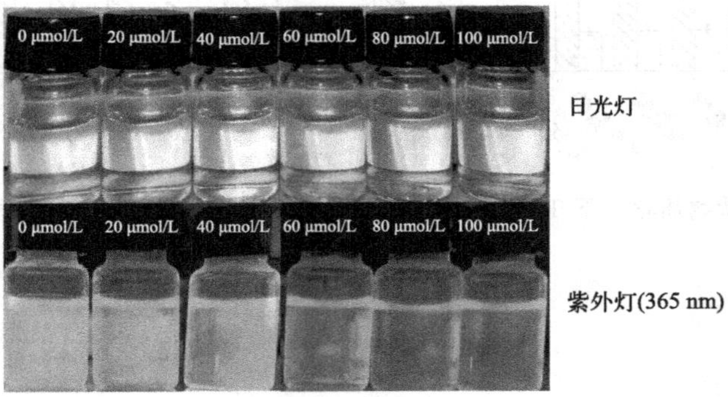

图 7-9 日光灯和紫外灯下含不同浓度呋喃它酮 Trp-Au NCs 溶液的图像

7.4 小结

本章以色氨酸为稳定剂和还原剂，制备了具有蓝色荧光的金纳米团簇。该金纳米团簇具有优异的抗紫外线和抗盐稳定性。当激发波长为 369 nm 时，该金纳米团簇在 452 nm 附近显示出较宽的荧光发射峰。呋喃它酮的存在导致该金纳米团簇的荧光猝灭，机理为内滤效应。$\ln(F_0/F)$ 与呋喃它酮浓度在 0.5～100 μmol/L 范围内呈良好的线性关系，具有优异的选择性和抗干扰性。该荧光传感器可用于测定实际样品中呋喃它酮的含量，且可以实现对呋喃它酮的视觉传感。

第8章

总结与展望

自 20 世纪 90 年代以来，药物的滥用已引发一系列全球性健康和环境问题。从健康层面来看，患者过量使用、滥用药物（尤其是抗生素）会导致人体内致病菌耐药性的产生或增加，进而导致细菌更难被消灭、疾病治疗效果显著降低。从生态环境领域来看，过量药物通过动物的新陈代谢和排泄进入自然水体，成为水污染的重要诱因。此外，动物源性食品中的药物残留也持续威胁着食品的安全性。因此，建立精准有效的监测体系，严格控制药物在人体及环境中的浓度水平是至关重要的。

8.1 荧光探针材料

在药物检测技术领域，常规分析方法包括电化学分析法、分光光度法、化学发光法、超极化法和液相色谱法等。这些方法虽然具有较高的准确性和选择性，但普遍存在样品预处理复杂、操作程序烦琐、仪器设备昂贵、分析耗时长等缺点，极大地限制了这些传统分析方法在现场快速检测等场景中的应用和发展。

相比于传统检测方法，荧光分析法应用于药物检测分析，可显著提高对药物的特异识别能力和检测灵敏度。荧光分析法主要依托荧光信号变化，通过构建荧光探针实现对目标分析物的精准识别与检测，其高特异性和高灵敏度的优势，有效弥补了传统方法的不足，为药物检测技术的发展提供了新方向。

荧光材料是荧光分析法的重要基础，也是该领域最为重要的核心研究对象，其研究与发展直接决定了该技术的应用潜力。近几十年来，荧光材料得到了飞速的发展，已广泛应用于生物、医药、化学、环境、材料等领域。目前，荧光材料主要包括有机荧光染料、金属有机骨架、稀土掺杂纳米粒子、荧光蛋白、半导体量子点、碳量子点及金属纳米团簇等。

在荧光探针的发展历程中，传统的有机荧光染料分子虽然最早被开发应用，但其较小的斯托克斯位移、严重的“自吸收”效应和光漂白现象等缺点，使其实际应用大大受限。随着纳米技术的兴起与发展，半导体量子点作为新一代荧光探针迅速引起广泛的关注，它弥补了传统有机荧光染料的缺憾，具有相较于传统有机荧光染料更宽的斯托克斯位移、更高的量子产率以及更强的抗光漂白能力。然而，半导体量子点中普遍含有的重金属元素（如镉等）显示出强细胞毒性，极大阻碍了它的实际应用。

近年来，碳量子点、金属纳米团簇等新型荧光纳米材料的研发取得了显著进展，不仅提升了荧光材料的荧光性能，而且实现了低细胞毒性甚至无毒性。其中，碳量子点具有良好的紫外-可见吸收性质、上转换荧光性质、电化学发光性质等，同时凭借其生物相容性好、毒性低、光稳定性好、无光闪烁、发光波长可调控、成本低廉等诸多优点，已广泛应用于传感分析、生物成像、医学治疗、光电材料和催化等多个领域。其在荧光分析中展现出了快速、高灵敏度和高选择性的检测能力，这使得继续探索碳量子点在分析领域的应用极具吸引力。然而，该材料目前还面临许多挑战，例如：绿色可拓展的合成路线的缺乏，限制了碳量子点的规模化生产，不同批次样品的重现性问题严重影响其实际使用；碳量子点对各类分析物的荧光传感机制尚未完全明晰，缺乏拓展其相关应用的理论指导；固态荧光猝灭的特性限制了碳量子点在某些领域的应用研究等。

金属纳米团簇是由几个到几百个金属原子组成的纳米级聚集体，尺寸介于等离子体金属纳米粒子和金属络合物之间。基于量子尺寸效应产生的量子限域效应，金属纳米团簇具有区别于金属块体和金属纳米颗粒的分子性质，如尺寸依赖的荧光性质、催化活性、磁性和手性。此外，金属纳米团簇具有精确的分子结构、稳定的荧光发射、极高的表面原子比、较大的斯托克斯位移和可控的表面化学性质，使其成为较理想的荧光探针，在许多传感领域得到广泛应用。作为荧光传感器，金属纳米团簇满足高灵敏度、高选择性和快速响应的要求。金属纳米团簇的强荧光强度使其在探针和分析物浓度较低的情况下，仍能获得显著的光学响应，这有利于开发高灵敏度、低成本的传感器。在选择性方面，金属纳米团簇的金属核和有机配体壳通过其独特的相互作用，实现对分析物的高特异性识别。此外，金属纳米团簇的高反应性表面和超小尺寸有助于它们以高效快速的方式与分析物相互作用，从而实现传感器的快速光学响应。因此，金属核和表面配体的物理化学性质对金属纳米团簇的发光性能和传感能力具有决定性影响。目前，金属纳米团簇的合成方法主要有模板法、电化学法、油水微乳液法、化学还原法和微波辅助法等，其中，化学还原法因操作简便而得到广泛应用。

8.2 金属纳米团簇的制备及应用的研究总结

本书系统总结了笔者在金属纳米团簇领域中的相关研究工作，采用化学还原法，制备了几种水溶性好、稳定性高、荧光性能优异的金属纳米团簇，并探讨了这些金属纳米团簇检测药物时的荧光猝灭机理，此外，成功将构建的金属纳米团簇应用于实际样品中目标药物的检测。

第一，首次提出了采用聚乙烯亚胺稳定的铜纳米团簇作为荧光传感平台检测土霉素。以聚乙烯亚胺为保护剂、水合肼为还原剂，通过一步化学还原法合成了发蓝色荧光的聚乙烯亚胺稳定的铜纳米团簇（PEI-Cu NCs）。采用透射电子显微镜、X 射线光电子能谱、傅里叶变换红外光谱仪、荧光分光光度计和紫外-可见分光光度计对 PEI-Cu NCs 的形貌、官能团、组成及光学性质进行了详细分析。结果表明，该铜纳米团簇分散性好、稳定性高和荧光强。基于土霉素能使该团簇产生内滤效应和静态猝灭效应，构建了土霉素的荧光分析平台，土霉素浓度的线性范围为 0.5～300 μmol/L，检测限为 0.032 μmol/L。采用该荧光探针检测实际样品中土霉素的回收率为 94.4%～108.8%，相对标准偏差（RSD）为 2.34%～3.89%。同时，采用 HPLC 分析方法测定了实际样品中的土霉素含量，并与荧光分析平台检测结果进行了比较，发现 HPLC 测得的土霉素的回收率在 95.6%～107.8%之间，RSD 低于 3.47%。土霉素的回收率结果表明，该荧光探针在测定实际样品中土霉素含量方面具有很好的应用前景。最后，由于分子碰撞频率和非辐射跃迁速率的增加，PEI-Cu NCs 还可用于检测温度，其荧光强度与温度在 15～55 ℃范围内呈良好的线性关系。

第二，提出了聚乙烯吡咯烷酮保护的铜纳米团簇检测白杨素的荧光传感平台。以聚乙烯吡咯烷酮为稳定剂、抗坏血酸为还原剂合成了铜纳米团簇（PVP-Cu NCs）。基于 PVP-Cu NCs 构建了猝灭型荧光探针用于检测白杨素，该探针检测白杨素时选择性好、线性范围宽、检测限低、灵敏度高。荧光猝灭机理为内滤效应和静态猝灭效应。此外，成功将 PVP-Cu NCs 用于测量实际样品中白杨素的含量，回收率令人满意，结果表明基于 PVP-Cu NCs 的荧光分析方法在生物分析和环境监测领域具有较大的应用前景。

第三，首次采用胰蛋白酶稳定的铜纳米团簇测定芹菜素的含量。以氯化铜为前驱体、胰蛋白酶为模板剂、抗坏血酸为还原剂，通过一锅法合成了胰蛋白酶稳定的铜纳米团簇（TRY-Cu NCs）。所得 TRY-Cu NCs 表现出优异的水溶性、稳定性等优点。TRY-Cu NCs 的最大激发波长和最大发射波长分别为 380 nm 和 465 nm。基于 TRY-Cu NCs 出色的荧光性能，构建了“turn-off”型荧光传感平台用于芹菜素的检测，ln（F_0/F）与芹菜素浓度在 0.5～300 μmol/L 范围内呈良好的线性关系，检测限为 0.079 μmol/L。荧光猝灭机理为内滤效应。该平台以其优异的选择性和灵敏度，成功用于生理盐水、牛血清和人血清样品中芹菜素的分析检测。

第四，利用硝酸银、聚乙烯亚胺和抗坏血酸为原料合成了聚乙烯亚胺保护的银纳米团簇（PEI-Ag NCs）。该银纳米团簇具有优异的稳定性、水溶性和强荧光。基于姜黄素能够猝灭 PEI-Ag NCs 的荧光，构筑了灵敏的用于检测姜黄素的荧光传感系统。线性检测范围为 0.1～100 μmol/L，检测限为 0.027 μmol/L，荧光猝灭机理为静态猝灭和内滤效应。加入姜黄素后，PEI-Ag NCs 溶液的荧光从绿色转变为亮黄色，基于此，可开发肉眼传感平台。此外，该银纳米团簇检测实际样品中姜黄素含量时表现出良好的回收率和相对标准偏差。

第五，首次提出了组氨酸稳定的银纳米团簇测定芦荟苷。利用组氨酸的保护性能合成了银纳米团簇（His-Ag NCs）。His-Ag NCs 表现出优异的光稳定性和强荧光。芦荟苷能够明显地猝灭 His-Ag NCs 的蓝色荧光。ln（F_0/F）与芦荟苷浓度在 0.5～200 μmol/L 范围内表现出良好的线性关系，检测限为 0.052 μmol/L。荧光猝灭机理为静态猝灭和内滤效应。此外，该银纳米团簇成功用于检测实际样品中芦荟苷的含量，具有很好的应用前景。

第六，以色氨酸为保护剂和还原剂，通过一步化学还原法合成了发蓝色荧光的色氨酸稳定的金纳米团簇（Trp-Au NCs）。采用透射电子显微镜、X 射线光电子能谱、傅里叶变换红外光谱仪、荧光分光光度计和紫外-可见分光光度计对 Trp-Au NCs 的形貌、官能团、组成及光学性质进行了详细分析。结果表明，该金纳米团簇分散性好、稳定性高、荧光强。基于呋喃它酮能使该团簇发生内滤效应从而荧光猝灭，构建了呋喃它酮的荧光分析平台。ln（F_0/F）与呋喃它酮浓度在 0.5～100 μmol/L 范围内呈良好的线性关系。该荧光传感器具有优异的选择性和抗干扰性，可用于测定实际样品中呋喃它酮的含量，且可以实现对呋喃它酮的肉眼视觉传感。

8.3　比率型荧光传感器及可视化分析

多数金属纳米团簇是基于单波长荧光强度的增加或降低检测目标物，其易受周围环境、自身浓度和检测仪器等因素的影响，从而降低检测的准确性。比率型荧光探针通过结合具有不同功能的异质荧光材料构建而成，其中一个荧光团作为参考信号，另一个荧光团作为响应信号报告单元，两波长荧光强度比值的变化独立于探针浓度和光源强度，显著降低了外部环境等因素的影响，进一步提高了检测的准确性。比率型荧光传感器的出现可有效地避免单波长荧光探针的局限性，在定量检测方面展现出明显的优势。比率型荧光探针的构建研究是目前荧光探针领域的重要研究趋势之一。

目前，比率型荧光探针主要通过不同材料的相互复合而制备，例如半导体量子点、碳量子点、有机荧光染料、金属有机骨架材料等的复合。然而，复合材料制备过程较烦琐、复合原理不明确，使得科研人员将研究方向逐渐转向“一锅法”。该方法往往可利用不同金属之间的性能差异，直接制备出比率型荧光探针。

与单金属纳米团簇相比，合金纳米团簇可以显著提高材料的物理化学性能，从而有利于拓展其应用场景。以金纳米团簇为例，在制备过程中，通常会掺入其他金属元素来改善或改变团簇的性能，赋予其更多的功能特性。与金纳米团簇相比，合金纳米团簇具有更大的定制活性，这是因为它们的组成元素之间的协同作用以及特殊的尺寸效应。目前，掺杂元素有 Pd、Pt、Ag 和 Cu 等。研究表明，掺入 Pd、Pt 可以改善金纳米团簇的催化性能，而掺入 Ag、Cu 等金属元素可以明显改善金纳米团簇的荧光性能。当在 Au NCs 中掺入 Ag 原子时，团簇的荧光量子产率可增强 200 倍，同时由于 HOMO 和 LUMO 的电子扰动，纳米团簇的荧光强度也明显增强。通过质谱、光谱和单晶 X 射线衍射等表征手段，能够确定 Au 原子在 AuAg NCs 中的精确位置，从而分析其荧光增强的来源以及 Ag 掺杂对合金纳米团簇光学性质改变的具体作用。

比率检测可以通过金属纳米团簇荧光颜色的变化实现半定量可视化分析。可视化分析是指通过肉眼可观测的光学信号变化实现快速分析，该技术操作简便、无需复杂仪器，已在生物成像、化学传感、食品安全和疾病诊断等领域得到广泛应用，尤其在资源有限地区具有重要使用价值。目前可视化分析主要有比色法和荧光法。常见的可视化荧光法包括裸眼法、试纸法和智能手机辅助法。裸眼法是指无须借助显微镜、光谱仪等专业仪器，直接通过肉眼观察材料或生物样本的颜色、形态、发光等宏观变化实现定性或定量分析的技术，其核心在于利用材料的光学响应产生肉眼可辨别的信号，具有快速、低成本、便携等优势。裸眼法可视化分析正通过纳米光学设计与智能算法突破灵敏度与量化瓶颈，其在现场快检、家庭诊断、工业质检等场景的普适性价值持续凸显，未来将向“即时感知-智能判读-决策输出”一体化方向发展。试纸法是一种基于抗原-抗体反应或分子特异性识别原理，通过肉眼可观察的显色、荧光、聚集态变化等信号实现快速检测的分析技术，其核心在于将生物分子识别过程转化为直观的光学响应，无须复杂仪器即可现场判读结果。试纸法正通过分子识别元件创新与智能判读系统突破精度瓶颈，其在即时诊断、现场快检等场景的普适性持续强化，逐步实现“样本进-结果出”的闭环检测生态。由于智能手机的普及和第三方软件的快速发展，基于智能手机的可视化分析已被广泛应用于检测多种目标分析物。相比于光谱分析仪，基于智能手机的分析方法由于其便携、易于微型化、操作简单、易于实现现场在线监测，引起了人们广泛的研究兴趣。

8.4 展望

未来，金属纳米团簇的研究将朝着更精准、更智能、更实用的方向发展。一方面，可以通过优化合成方法和表面修饰技术，进一步提高金属纳米团簇的荧光量子产率和稳定性，并拓展其在比率型荧光传感和可视化快速检测中的应用，使检测结果更加可靠和直观。另一方面，结合智能手机、便携式检测设备等新兴技术的发展趋势，开发低成本、易操作的检测工具，将推动金属纳米团簇在医疗诊断、食品安全和环境监测等领域的实际应用。此外，借助先进表征技术和计算模拟手段，深入解析金属纳米团簇与目标分子的相互作用机制，有助于设计更具选择性和灵敏度的探针，为精准医疗和个性化治疗提供技术支持。

随着纳米技术的不断进步，金属纳米团簇有望在未来的药物检测、生物成像、疾病诊断等领域发挥更重要的作用。通过材料科学、生物医学、信息技术等多学科的协同创新，这一技术将朝着更高效、更智能、更环保的方向发展，为保障人类健康和促进生态环境可持续发展提供新的技术支撑。

参考文献

[1] Chen H P, Hsiao He. Facile fabrication of the immuno-MALDI-MS chip for the enrichment of abused drug in human urine integrated with MALDI-MS analysis [J]. Analytica Chimica Acta, 2024, 1329: 343224.

[2] Ververi C, Gentile C, Massano M, et al. Quantitative determination by UHPLC-MS/MS of 18 common drugs of abuse and metabolites, including THC and OH-THC, in volumetric dried blood spots: a sustainable method with minimally invasive sampling [J]. Journal of Chromatography B, 2024, 1247: 124337.

[3] Park Y, Choe S, Lee H, et al. Advanced analytical method of nereistoxin using mixed-mode cationic exchange solid-phase extraction and GC/MS [J]. Forensic Science International, 2015, 252: 143-149.

[4] Ferrer I, Thurman E M. Multi-residue method for the analysis of 101 pesticides and their degradates in food and water samples by liquid chromatography/time-of-flight mass spectrometry [J]. Journal of Chromatography A, 2007, 1175: 24-37.

[5] Chewchinda S, Kongkiatpaiboon S. A validated HPTLC method for quantitative analysis of morin in *Maclura cochinchinensis* heartwood [J]. Chinese Herbal Medicines, 2020, 12: 200-203.

[6] Ai Y J, Liang P, Wu Y X, et al. Rapid qualitative and quantitative determination of food colorants by both Raman spectra and Surface-enhanced Raman Scattering (SERS) [J]. Food Chemistry, 2018, 241: 427-433.

[7] Kowalski P. Capillary electrophoretic method for the simultaneous determination of tetracycline residues in fish samples [J]. Journal of Pharmaceutical and Biomedical Analysis, 2008, 47: 487-493.

[8] Raoof J B, Teymoori N, Khalilzadeh M A, et al. A high sensitive electrochemical nanosensor for simultaneous determination of glutathione, NADH and folic acid [J]. Materials Science and Engineering C, 2015, 47: 77-84.

[9] Li C Y, Yang Q, Wang X Y, et al. Facile approach to the synthesis of molecularly imprinted ratiometric fluorescence nanosensor for the visual detection of folic acid [J]. Food Chemistry, 2020, 319: 126575.

[10] Mu Y Z, Zhang M X, Sun H T, et al. Composite diatom fluorescent sensor substrate enriched with CdSe/ZnS quantum dots on the surface by biofabrication [J]. Colloids and Surfaces B: Biointerfaces, 2025, 246: 114396.

[11] Jiang W Y, He H Y, Wang C, et al. Preparation of coal-based carbon quantum dots and their fluorescence properties [J]. Microchemical Journal, 2024, 207: 111818.

[12] Wang M, Yan W W, Zheng L N, et al. Two indium-based metal-organic frameworks (MOFs) synthesized with two different lengths of ligands as fluorescence sensors for the selective detection of Fe^{3+} in aqueous environments [J]. Journal of Molecular Structure, 2025, 1327: 141245.

[13] Li W T, Li D C, Yang Y F, et al. Identification of S-phenylmercapturic acid using heterometallic Zn-Eu MOF as a fluorescence sensor [J]. Journal of Molecular Structure, 2025, 1321: 139974.

[14] Cai Y S, Chen J Q, Su P, et al. Atomically precise metal nanoclusters combine with MXene towards solar CO_2 conversion [J]. Chemical Science, 2024, 15 (33): 13495-13505.

[15] Qin L B, Sun F, Li M Y, et al. Atomically precise $(AgPd)_{27}$ nanoclusters for nitrate electroreduction to NH_3: Modulating the metal core by a ligand induced strategy [J]. Acta Physico-Chimica Sinica, 2025, 41 (1): 100008.

[16] Kawawaki T, Okada T, Hirayama D, et al. Atomically precise metal nanoclusters as catalysts for electrocatalytic CO_2 reduction [J]. Green Chemistry, 2024, 26 (1): 122-163.

[17] Feng Z Y, Jiang J C, Meng L Y. Carbons confined silver nanoclusters decorated carbon fiber electrodes toward electrochemical sensor of dihydroxyphenol and heavy metal ions [J]. Diamond and Related Materials, 2024, 145: 111074.

[18] Chandran A, Kumar K G. Surface passivation aided turn-on fluorescence sensor based on pepsin tailored gold nanoclusters for the selective determination of 5-hydroxyindoleacetic acid [J]. Journal of Photochemistry and Photobiology A: Chemistry, 2025, 462: 116234.

[19] Zomorodimanesh S, Razavi S H, Ganjali M R, et al. Development of an assay for tetracycline detection based on gold nanocluster synthesis on tetracycline monooxygenase: $TetX_2$@AuNCs [J]. International Journal of Biological Macromolecules, 2024, 283 (3): 137777.

[20] Fu C, Ding C Z, Sun X C, et al. Curcumin nanocapsules stabilized by bovine serum albumin-capped gold nanoclusters (BSA-AuNCs) for drug delivery and theranosis [J]. Materials Science and Engineering: C, 2018, 87: 149-154.

[21] Geng Y M, Zhang S Z, Wang Y X, et al. Aptameract as fluorescence switching of bovine serum albumin stabilized gold nanoclusters for ultrasensitive detection of kanamycin in milk [J]. Microchemical Journal, 2021, 165: 106145.

[22] Asadpour S, Saberi Z, Naderi M. Quantification and visualization of penicillin G residues in milk using a ratiometric fluorescent nanoprobe based on carbon dots and gold nanoclusters [J]. Dyes and Pigments, 2024, 229: 112273.

[23] Liu X R, Yang Z Z, Liu J, et al. A detection system for serum cholesterol based on the fluorescence color detection of beta-cyclodextrin-capped gold nanoclusters [J]. Spectrochimica Acta Part A: Molecular and Biomolecular Spectroscopy, 2024, 308: 123769.

[24] Tripath A, Ghosh A K, Sahoo S K. Smartphone-assisted cost-effective approach for detecting mercury (Ⅱ) using papain stabilized fluorescent gold nanoclusters [J]. Inorganica Chimica Acta, 2024, 567: 122059.

[25] Kong C C, Luo Y J, Zhang W, et al. A ratio fluorescence method based on dual emissive gold nanoclusters for detection of biomolecules and metal ions [J]. RSC Advances, 2022, 12 (19): 12060-12067.

[26] Poyato C, Pacheco J, Domínguez A, et al. Assessment of methodologies based on the formation of

antiparallel triplex DNA structures and fluorescent silver nanoclusters for the detection of pyrimidine-rich sequences [J] . Spectrochimica Acta Part A: Molecular and Biomolecular Spectroscopy, 2025, 329: 125567.

[27] Sam S, Swathy S, Kumar K G. Lysozyme functionalized silver nanoclusters as a dual channel optical sensor for the effective determination of glutathione [J] . Talanta, 2024, 277: 126326.

[28] Zhang S, Wang X, Wang Y T, et al. Histidine-functionalized silver nanoclusters used as a blue-emissive fluorescence probe for vitamin B_{12} detection [J] . Microchemical Journal, 2024, 199: 109985.

[29] Yin P Y, Li S P, He Y Z, et al. A ratiometric fluorescence probe based on the N, S co-doped dots and silver nanoclusters for the sensitive detection of Hg^{2+} [J] . Process Safety and Environmental Protection, 2024, 189: 267-274.

[30] Kavya P, Aarya, Sebastian A, et al. L-tyrosine capped silver nanocluster: An efficient reusable luminescent nano-probe for simple, rapid and reliable detection of hemoglobin in real blood samples [J] . Sensors and Actuators B: Chemical, 2024, 401: 134923.

[31] Yin Y H, Tian Y H, Mou Y T, et al. Dual-emissive DNA-stabilized fluorescent silver nanoclusters for the simultaneous detection of two antibiotics in milk [J] . Food Control, 2025, 168: 110980.

[32] Wang Q L, Yuan H, Pan X Y, et al. Synthesis of silver nanoclusters using a double-stranded DNA template and its application for captopril detection [J] . Journal of Food Composition and Analysis, 2024, 126: 105825.

[33] Sagadevan A, Murugesan K, Bakr O M, et al. Copper nanoclusters: emerging photoredox catalysts for organic bond formations [J] . Chemical Communications, 2024, 60 (94) : 13858-13866.

[34] Ferlazzo A, Bonforte S, Florio F, et al. Photochemical eco-friendly synthesis of photothermal and emissive copper nanoclusters in water: towards sustainable nanomaterials [J] . Materials Advances, 2024, 5 (20) : 8034-8041.

[35] Qi Y J, Chen Y, Huang Y, et al. Construction of an efficient microRNA sensing platform based on terminal deoxynucleotidyl transferase-mediated synthesis of copper nanoclusters [J] . Sensors and Actuators B: Chemical, 2025, 424: 136892.

[36] Zhang S, Zhu M L, Zhang W T, et al. Preparation and application of copper nanoclusters as a fluorescent sensor for sensitive detection of tartrazine [J] . Microchemical Journal, 2024, 207: 112146.

[37] Serag A, Abduljabbar M H, Althobaiti Y S, et al. Red-emitting BSA-copper nanocluster probe for sensitive and selective fluorometric determination of memantine HCl: Application to pharmacokinetics monitoring [J] . Microchemical Journal, 2025, 208: 112523.

[38] Liang Y D, Sun M L, Wang M, et al. Rapid synthesis of multifunctional copper nanoclusters for selective and sensitive detection of hexavalent chromium and anti-counterfeiting [J] . Microchemical Journal, 2025, 208: 112403.

[39] Bakr O M, Amendola V, Aikens C M, et al. Silver nanoparticles with broad multiband linear optical absorption [J] . Angew Chem Int Ed, 2009, 48: 5921-5926.

[40] Wei W T, Lu Y Z, Chen W, et al. One-pot synthesis, photoluminescence, and electrocatalytic

properties of subnanometer-sized copper clusters [J]. J Am Chem Soc, 2011, 133: 2060-2063.

[41] Zhang S, Li Y Z, Fan C L, et al. Glutathione-templated blue emitting copper nanoclusters as selective fluorescent probe for quantification of nitrofurazone [J]. Chemical Physics Letters, 2023, 825: 140614.

[42] Hosseini S M, Sadeghi S. Sensitive and rapid detection of ciprofloxacin and ofloxacin in aqueous samples by a facile and green synthesized copper nanocluster as a turn-on fluorescent probe [J]. Microchemical Journal, 2024, 202: 110751.

[43] Li W X, Gao W X, Wen M Y, et al. Controllable synthesis of selenolate ligand-costabilized water-soluble near-infrared fluorescent gold nanoclusters for cell imaging [J]. Chinese Chemical Letters, 2024, 26: 110803.

[44] Chen W, Chen S W. Oxygen electroreduction catalyzed by gold nanoclusters: Strong core size effects [J]. Angew Chem Int Ed, 2009, 48: 4386-4389.

[45] Zhao M Q, Sun L, Crooks R M. Preparation of Cu nanoclusters within dendrimer templates [J]. J Am Chem Soc, 1998, 120: 4877-4878.

[46] González B S, Blancoa M C, L ó pez-Quintela M A. Single step electrochemical synthesis of hydrophilic/hydrophobic Ag_5 and Ag_6 blue luminescent clusters [J]. Nanoscale, 2012, 4: 7632-7635.

[47] Vázquez-Vázquez C, Banobre-Lopez M, Mitra A, et al. Synthesis of small atomic copper clusters in microemulsions [J]. Langmuir, 2009, 25: 8208-8216.

[48] Sasikumar T, Shanmugaraj K, Nandhini K, et al. Red-emitting copper nanoclusters for ultrasensitive and selective detection of creatinine and its application in portable smartphone-based paper strips and polymer thin film [J]. Surfaces and Interfaces, 2024, 53: 105014.

[49] Hada A M, Craciun A M, Focsan M, et al. Folic acid functionalized gold nanoclusters for enabling targeted fluorescence imaging of human ovarian cancer cells [J]. Talanta, 2021, 225: 121960.

[50] Zhang J Q, Pang Y H, Shen X F. Rapid microwave-assisted synthesis of copper nanoclusters for "on-off-on" fluorescent sensor of tert-butylhydroquinone in edible oil [J]. Microchemical Journal, 2023, 193: 109070.

[51] Zhang S Z, Geng Y M, Deng X Y, et al. Microwave-assisted ultra-fast synthesis of bovine serum albumin-stabilized gold nanoclusters and *in-situ* generation of manganese dioxide to detect alkaline phosphatase [J]. Dyes and Pigments, 2022, 202: 110266.

[52] Zheng B Z, Zheng J J, Yu T T, et al. Fast microwave-assisted synthesis of AuAg bimetallic nanoclusters with strong yellow emission and their response to mercury (Ⅱ) ions [J]. Sensors and Actuators B: Chemical, 2015, 221: 386-392.

[53] Zou T R, Li S P, Yao G X, et al. Highly photoluminescent tryptophan-coated copper nanoclusters based turn-off fluorescent probe for determination of tetracyclines [J]. Chemosphere, 2023, 338: 139452.

[54] Zhang J Y, Wang T, Du Y X, et al. Smartphone-assisted ratiometric fluorescence sensor based on NS-codoped carbon dots/Au nanoclusters for rapid detection of Hg^{2+} [J]. Microchemical Journal,

2024, 199: 110201.

[55] Li Y X, Meng Z T, Liu Y T, et al. Turn-on fluorescent nanoprobe for ATP detection based on DNA-templated silver nanoclusters [J]. RSC Advances, 2024, 14 (8): 5594-5599.

[56] Feng A L, Jiang Q Y, Song G G, et al. DNA-templated NIR-emitting gold nanoclusters with peroxidase-like activity as a multi-signal probe for Hg^{2+} detection [J]. Chinese Journal of Analytical Chemistry, 2022, 50 (10): 100118.

[57] Ungor D, Kuklis L, Samu G F, et al. Design of blue-emitting adenosine monophosphate-copper nanocluster: Detection of Vitamin B_2 in real samples [J]. Microchemical Journal, 2024, 205: 111257.

[58] Cheng T T, Zhuang Z F, He G Q, et al. Assembly of protein-directed fluorescent gold nanoclusters for high-sensitivity detection of uranyl ions [J]. International Journal of Biological Macromolecules, 2024, 278 (3): 134883.

[59] Hemmateenejad B, Shakerizadeh-shirazi F, Samari F. BSA-modified gold nanoclusters for sensing of folic acid [J]. Sensors and Actuators B: Chemical, 2024, 199: 42-46.

[60] Nakum R, Upadhyay Y, Sahoo S K. Tuning Zn (Ⅱ) selectivity by conjugating vitamin B_6 cofactors over bovine serum albumin stabilized red-emitting silver nanoclusters [J]. Analytica Chimica Acta, 2022, 1235: 340538.

[61] Li B S, Li J J, Zhao J W. Silver nanoclusters emitting weak NIR fluorescence biomineralized by BSA [J]. Spectrochimica Acta Part A: Molecular and Biomolecular Spectroscopy, 2015, 134: 40-47.

[62] Guo Y Y, Li W J, Guo P Y, et al. One facile fluorescence strategy for sensitive determination of baicalein using trypsin-templated copper nanoclusters [J]. Spectrochimica Acta Part A: Molecular and Biomolecular Spectroscopy, 2022, 268: 120689.

[63] Swathy S, Pallam G S, Kumar K G. Tryptophan capped gold-silver bimetallic nanoclusters-based turn-off fluorescence sensor for the determination of histamine [J]. Talanta, 2023, 256: 124321.

[64] Hu Y L, Liu A Y, Wu B C, et al. Modulating fluorescence emission of L-methionine-stabilized Au nanoclusters from green to red and its application for visual detection of silver ion [J]. Microchemical Journal, 2021, 166: 106198.

[65] Li S P, Li G F, Shi H Y, et al. A fluorescent probe based on tryptophan-coated silver nanoclusters for copper (Ⅱ) ions detection and bioimaging in cells [J]. Microchemical Journal, 2022, 175: 107222.

[66] Alqahtani Y S, Mahmoud A M, Ali A M B H, et al. Enhanced fluorometric detection of histamine using red emissive amino acid-functionalized bimetallic nanoclusters [J]. RSC Advances, 2024, 14 (27): 18970-18977.

[67] Botta R, Rajanikanth A, Bansal C. Surface Enhanced Raman Scattering studies of l-amino acids adsorbed on silver nanoclusters [J]. Chemical Physics Letters, 2015, 618: 14-19.

[68] Liu Y, Ding D, Zhen Y L, et al. Amino acid-mediated 'turn-off/turn-on' nanozyme activity of gold nanoclusters for sensitive and selective detection of copper ions and histidine [J]. Biosensors and

Bioelectronics, 2017, 92: 140-146.

[69] Bhamore J R, Gul A R, Chae W S, et al. One-pot fabrication of amino acid and peptide stabilized gold nanoclusters for the measurement of the lead in plasma samples using chemically modified cellulose paper [J]. Sensors and Actuators B: Chemical, 2020, 322: 128603.

[70] Pena-Pereira F, Capón N, Inmaculada C, et al. Fluorescent poly (vinylpyrrolidone) -supported copper nanoclusters in miniaturized analytical systems for iodine sensing [J]. Sensors and Actuators B: Chemical, 2019, 299: 126979.

[71] Sun L L, Zheng X L, Yang H L, et al. A ratiometric fluorescence immunoassay based on Ce^{4+} oxidized o-phthalylenediamine and polyvinylpyrrolidone protected copper nanoclusters for the detection of aflatoxin B_1 [J]. Microchemical Journal, 2024, 206: 111427.

[72] Huang F Y, Jiang Y Y, Wu Q L, et al. A one-pot loop-mediated isothermal amplification platform using fluorescent gold nanoclusters for rapid and naked-eye pathogen detection [J]. Food Chemistry, 2024, 460 (1): 140573.

[73] Swathy S, Sam S, Kumar K G. Polyethyleneimine capped silver nanoclusters based turn-off-on fluorescence sensor for the determination of glutathione [J]. Talanta, 2024, 278: 126541.

[74] Zhou T, Su Z, Wang X Y, et al. Fluorescence detections of hydrogen peroxide and glucose with polyethyleneimine-capped silver nanoclusters [J]. Spectrochimica Acta Part A: Molecular and Biomolecular Spectroscopy, 2021, 244: 118881.

[75] Chaiendoo K, Tuntulani T, Ngeontae W. A highly selective colorimetric sensor for ferrous ion based on polymethylacrylic acid-templated silver nanoclusters [J]. Sensors and Actuators B: Chemical, 2015, 207: 658-667.

[76] Deng G Q, Guo R Z, Wu H, et al. Facile synthesis of nitrogen self-doped carbon dots from rapeseed meal for highly sensitive fluorescence detection of baicalein [J]. Spectrochimica Acta Part A: Molecular and Biomolecular Spectroscopy, 2025, 330: 125672.

[77] Xue J J, Gan M H, Lu Y G, et al. Fluorescence color tuning of dual-emission carbon quantum dots produced from biomass and their use in Fe^{3+} and Cu^{2+} detection [J]. New Carbon Materials, 2024, 39 (6): 1213-1226.

[78] Zhang L, Chen J Y, Zhang L Y, et al. Rapid detection of chlorpyrifos in miscellaneous beans based on nitrogen and phosphorus doped carbon quantum dots fluorescence probe [J]. Journal of Food Composition and Analysis, 2025, 137: 106884.

[79] Wang F, Li C, Li Y Q, et al. Green synthesis of soybean residue-based nitrogen-chlorine co-doped carbon dots based on deep eutectic solvents: Construction of a PNP fluorescence detection system under the IFE mechanism [J]. Materials Research Bulletin, 2024, 180: 113041.

[80] Lu P, Hou X R, Ga L, et al. Determination of tetracycline by FRET fluorescence between chenpi carbon quantum dots and coppernanoparticles [J]. Chinese Journal of Analytical Chemistry, 2024, 52 (10): 100440.

[81] Xing H M, Wang Y R, Hu H W, et al. Bipyridine-functionalized F, N-doped carbon dots featuring

dual-emission ratiometric fluorescence for cascade visual sensing of copper ion and ciprofloxacin [J]. Journal of Food Composition and Analysis, 2025, 139: 107172.

[82] Wang M J, Luo X J, Jiang M H, et al. Ratio-fluorescence sensor based on carbon dots and PtRu/CN nanozyme for efficient detection of melatonin in tablet [J]. Spectrochimica Acta Part A: Molecular and Biomolecular Spectroscopy, 2024, 321: 124699.

[83] Gao W X, Zhao H G, Shang L. Fluorescent metal nanoclusters for explosive detection: A review [J]. Trends in Analytical Chemistry, 2024, 180: 117919.

[84] Song X M, Hou X F, Zhao Q X, et al. Fluorescence-quenching mechanisms of novel isomorphic Zn/Cd coordination polymers for selective nitrobenzene detection [J]. Spectrochimica Acta Part A: Molecular and Biomolecular Spectroscopy, 2024, 308: 123729.

[85] Lokesh C, Ramesh A, Gopal L K. Exploration of simple and economic D-π-A-chalcone in selective Fe^{3+} metal sensing via PET quenching effect in water as a medium and mechanistic study using DFT calculations [J]. Journal of Molecular Structure, 2024, 1296 (2): 136817.

[86] Yang L X, Song K Y, Wang R, et al. Novel self-assembled spirochiral nanofluorescent probe for fipronil detection efficiently by PET mechanism [J]. Spectrochimica Acta Part A: Molecular and Biomolecular Spectroscopy, 2025, 327: 125407.

[87] Su P C, Wang H C, Liu T, et al. Adsorption-based preconcentration effect enhanced FRET and PET from Rhodamine B to analyte malachite green for ultra-sensitive sensing application [J]. Microchemical Journal, 2024, 203: 110840.

[88] Wu Y, Lan W, He S, et al. Highly selective detection of epinephrine by a "turn-off" fluorescent sensor based on N-doped carbon quantum dots [J]. Spectrochimica Acta Part A: Molecular and Biomolecular Spectroscopy, 2023, 298: 122760.

[89] Wang Y, La A, Bruckner C, et al. FRET-and PET-based sensing in a single material: expanding the dynamic range of an ultra-sensitive nitroaromatic explosives assay [J]. Chem. Commun., 2012, 48: 9903.

[90] Zuo Y J, Gou Z M, Lan Y, et al. Design strategies of logic gate sensors based on FRET mechanism [J]. TrAC, Trends Anal. Chem., 2023, 167: 117271.

[91] Pan Y, Wei X L. A novel FRET immunosensor for rapid and sensitive detection of dicofol based on bimetallic nanoclusters [J]. Analytica Chimica Acta, 2022, 1224: 340235.

[92] Sun X J, Wang M Y, Zhang R G, et al. An efficient fluorescence analysis for plant gallic acid based on dual-ligand Ag/Au nanoclusters [J]. Talanta, 2025, 285: 127305.

[93] Liu X M, Luo Y J, Lin T F, et al. Gold nanoclusters-based fluorescence resonance energy transfer for rapid and sensitive detection of Pb^{2+} [J]. Spectrochimica Acta Part A: Molecular and Biomolecular Spectroscopy, 2024, 315: 124302.

[94] Yan L L, Li J M, Cai H X, et al. Carbon dots/Ag nanoclusters-based fluorescent probe for ratiometric and visual detection of Cu^{2+} [J]. Journal of Alloys and Compounds, 2023, 945: 169227.

[95] Yu S X, Zheng Q H, Sshi J Y, et al. A facile nickel nanocluster-based fluorescent "turn-off" sen-

sor to detect tetracycline antibiotics [J] . Chinese Journal of Analytical Chemistry, 2024, 52 (4): 100380.

[96] Zhang J Y, Zhou R H, Tang D D, et al. Optically-active nanocrystals for inner filter effect-based fluorescence sensing: achieving better spectral overlap [J] . TrAC Trends in Anal ytical Chemistry, 2019, 110: 183.

[97] Zhang S, Nie X, Ren Y, et al. One-Pot facile synthesis of fluorescent copper nanoclusters for highly selective and sensitive detection of tetracycline [J] . Spectrochimica Acta Part A: Molecular and Biomolecular Spectroscopy, 2024, 315: 124301.

[98] Zheng X, Chen Q M, Zhang Z X, et al. An aggregation-induced emission copper nanoclusters fluorescence probe for the sensitive detection of tetracycline [J] . Microchemical Journal, 2022, 180: 107570.

[99] Yuan M, Li M X, Su P C, et al. Dual-responsive ratiometric fluorescent sensor for tetracyclines detection based on europium-decorated copper nanoclusters [J] . Spectrochimica Acta Part A: Molecular and Biomolecular Spectroscopy, 2023, 291: 122384.

[100] Wang X S, Zhang S. Trypsin stabilized copper nanoclusters as a highly sensitive and selective probe for fluorescence sensing of morin and temperature [J] . Colloids and Surfaces A: Physicochemical and Engineering Aspects, 2022, 649: 129458.

[101] Feng Y, Yuan J X, Kuang J H, et al. 4-Mercaptobenzoic acid coated self-assembled aggregative luminescent copper nanoclusters for the detection of ethyl vanillin [J] . Optical Materials, 2023, 146: 114580.

[102] Zhang S, Wang Z, Yan W Y, et al. Novel luteolin sensor of tannic acid-stabilized copper nanoclusters with blue-emitting fluorescence [J] . Spectrochimica Acta Part A: Molecular and Biomolecular Spectroscopy, 2021, 259: 119887.

[103] Su J X, Wu L, Zhu Y X, et al. Nitrogen-silicon Co-doped carbon dots synthesized based on lemon peel for copper (II) detection via a dynamic quenching mechanism [J] . Optical Materials, 2024, 155: 115800.

[104] Long T T, Hu Z Y, Gao Z Y, et al. Carbondots electrochemically prepared from dopamine and epigallocatechin gallate for hypochlorite detection with high selectivity via a dynamic quenching mechanism [J] . Spectrochimica Acta Part A: Molecular and Biomolecular Spectroscopy, 2023, 301: 122947.

[105] Miao J Q, Yu J L, Zhao X M, et al. Molecular imprinting-based triple-emission ratiometric fluorescence sensor with aggregation-induced emission effect for visual detection of doxycycline [J] . Journal of Hazardous Materials, 2024, 470: 134218.

[106] Arunkumar K, Mahalakshmi N. Anthraldehyde-based aggregation induced emissive probe for hydroxylamine detection and latent fingerprint imaging [J] . Microchemical Journal, 2025, 208: 112573.

[107] Sun J Q, Li H L, Li Y Q, et al. Fluorescence probe based on ZIF-8-constrained AuNCs aggregation-

induced enhancement applying for specific Cu^{2+} detection in water and fish samples [J] . Journal of Food Composition and Analysis, 2024, 135: 106591.

[108] Zhao P W, Song Z X, Li Y H, et al. Rapid and simple fluorescent detection of chlorogenic acid in Aidi injection using aggregation-induced emission (AIE) nanoclusters [J] . Journal of Pharmaceutical and Biomedical Analysis, 2025, 254: 116570.

[109] Samad M F, Pouya D, Ahmed R, et al. Tailoring gold nanocluster properties for biomedical applications: From sensing to bioimaging and theranostics [J] . Progress in Materials Science, 2024, 142: 101229.

[110] Zhou B X, Imran M K, Ding X W, et al. Fluorescent DNA-Silver nanoclusters in food safety detection: From synthesis to application [J] . Talanta, 2024, 273: 125834.

[111] Chen Y, Chang S Q, Hu X D, et al. High-sensitivity ferrous sulfate dosimeters with wide dosimetry range based on fluorescence properties of gold nanoclusters [J] . Radiation Measurements, 2024, 178: 107304.

[112] Peng B, Li M Y, Chen H J, et al. A smartphone-assisted ratiometric fluorescence sensor based on dual-emission copper nanoclusters for visual detection lead ion [J] . Dyes and Pigments, 2025, 235: 112581.

[113] Han B Y, Hou X F, Xiang R C, et al. Detection of lead ion based on aggregation-induced emission of copper nanoclusters [J] . Chinese Journal of Analytical Chemistry, 2017, 45 (1) : 23-27.

[114] Guo W W, Yuan J P, Wang E K. Oligonucleotide-stabilized Ag nanoclusters as novel fluorescence probes for the highly selective and sensitive detection of the Hg^{2+} ion [J] . Chem. Commun. , 2009, 3395-3397.

[115] Gao, Y M, Cai, H M L, Sun, J, et al. A turn on fluorescent method for the detection of ferric ions based on the size effect of silver nanoclusters [J] . Spectroscopy Letters, 2022, 55 (7) : 478-487.

[116] Chen Z, Lu D T, Zhang G M, et al. Glutathione capped silver nanoclusters-based fluorescent probe for highly sensitive detection of Fe^{3+} [J] . Sensors and Actuators B: Chemical, 2014, 202: 631-637.

[117] Yang T Q, Li L, Ye C, et al. A turn-on fluorescence probe based on GSH-protected silver nanoclusters for the selective detection of Pb^{2+} [J] . Luminescence, 2024, 39 (12) : e70050.

[118] Han F, Li J H, Wang W R, et al. Synthesis of silver nanoclusters by irradiation reduction and detection of Cr^{3+} ions [J] . RSC Adv. , 2022, 12: 33207-33214.

[119] Cao X L, Li X, Liu F X, et al. Copper nanoclusters as fluorescence-quenching probes for the quantitative analysis of total iodine [J] . Luminescence, 2018, 33 (5) : 981-985.

[120] Zhou T Y, Rong M C, Cai Z M, et al. Sonochemical synthesis of highly fluorescent glutathione-stabilized Ag nanoclusters and S^{2-} sensing [J] . Nanoscale, 2012, 4: 4103-4106.

[121] Sachdev A, Raj R, Matai I, et al. Label-free fluorescence "turn-on" detection of SO_3^{2-} by gold nanoclusters: integration in a hydrogel platform and intracellular detection [J] . Anal. Methods, 2019, 11: 1214-1223.

[122] Zhou D L, Huang H, Wang Y. Sensitive and selective detection of nitrite ions with highly fluorescent glutathione-stabilized copper nanoclusters [J] . Anal. Methods, 2017, 9: 5668-5673.

[123] Wen T, Qu F, Li N B, et al. Polyethyleneimine-capped silver nanoclusters as a fluorescence probe for sensitive detection of hydrogen peroxide and glucose [J] . Analytica Chimica Acta, 2012, 749: 56-62.

[124] Wen F, Dong Y H, Feng L, et al. Horseradish Peroxidase Functionalized Fluorescent Gold Nanoclusters for Hydrogen Peroxide SensingClick to copy article link [J] . Anal. Chem. , 2011, 83 (4) : 1193-1196.

[125] Wang C J, Yang M, Mi G H, et al. Dual-emission fluorescence sensor based on biocompatible bovine serum albumin stabilized copper nanoclusters for ratio and visualization detection of hydrogen peroxide [J] . Dyes and Pigments, 2021, 190: 109312.

[126] Li L, Fu M L, Yang D Y, et al. Sensitive detection of glutathione through inhibiting quenching of copper nanoclustersfluorescence [J] . Spectrochimica Acta Part A: Molecular and Biomolecular Spectroscopy, 2022, 267 (1) : 120563.

[127] Zhang Z Q, Liu T T, Wang S S, et al. DNA-templated gold nanocluster as a novel fluorometric sensor for glutathione determination [J] . Journal of Photochemistry and Photobiology A: Chemistry, 2019, 370: 89-93.

[128] Zhai Q F, Xing H H, Fan D Q, et al. Gold-silver bimetallic nanoclusters with enhanced fluorescence for highly selective and sensitive detection of glutathione [J] . Sensors and Actuators B: Chemical, 2018, 273: 1827-1832.

[129] Yan X M, He L, Zhou C X, et al. Fluorescent detection of ascorbic acid using glutathione stabilized Au nanoclusters [J] . Chemical Physics, 2019, 522: 211-213.

[130] Meng H J, Yang D Q, Tu Y F, et al. Turn-on fluorescence detection of ascorbic acid with gold nanolcusters [J] . Talanta, 2017, 165: 346-350.

[131] Shamsipur M, Babaee E, Gholivand M B, et al. Intrinsic dual emissive insulin capped Au/Ag nanoclusters as single ratiometric nanoprobe for reversible detection of pH and temperature and cell imaging [J] . Biosensors and Bioelectronics, 2024, 250: 116064.

[132] Jia M N, Mi W Y, Guo S S, et al. Peptide-capped functionalized Ag/Au bimetal nanoclusters with enhanced red fluorescence for lysosome-targeted imaging of hypochlorite in living cells [J] . Talanta, 2020, 216: 120926.

[133] Pan Y T, Li Q Z, Zhou Q, et al. Cancer cell specific fluorescent methionine protected gold nanoclusters for in-vitro cell imaging studies [J] . Talanta, 2018, 188: 259-265.

[134] Feng B, Xing Y A, Lan J Z, et al. Synthesis of MUC1 aptamer-stabilized gold nanoclusters for cell-specific imaging [J] . Talanta, 2020, 212: 120796.

[135] Chen H Y, Albert K, Wen C C, et al. Multifunctional silver nanocluster-hybrid oligonucleotide vehicle for cell imaging and microRNA-targeted gene silencing [J] . Colloids and Surfaces B: Biointerfaces, 2017, 152: 423-431.

[136] Hu S Q, Ye B Y, Yi X Y, et al. Dumbbell-shaped metallothionein-templated silver nanoclusters with applications in cell imaging and Hg^{2+} sensing [J]. Talanta, 2016, 155: 272-277.

[137] Hou X Y, Zuo H, Sun N, et al. Phenylboronic acid-functionalized copper nanoclusters with sensitivity and selectivity for the ratiometric detection of luteolin [J]. Bioorganic Chemistry, 2024, 153: 107946.

[138] Li W J, Zhou T, Sun W Z, et al. A conjugated aptamer and oligonucleotides-stabilized gold nanoclusters nanoplatform for targeted fluorescent imaging and efficient drug delivery [J]. Colloids and Surfaces A: Physicochemical and Engineering Aspects, 2023, 657: 130521.

[139] Eyhab A, Muhaned Z, Hayder I J, et al. Theoretical investigation of mercaptopurine drug adsorption on metal oxide nanoclusters: Perspective from drug delivery [J]. Inorganic Chemistry Communications, 2024, 170 (1): 113234.

[140] Hazem A, Mahmoud A S S, Omar H A, et al. GeSe nanoclusters as potential drug delivery agent for anti-cancer drugs: First-principles study [J]. Computational and Theoretical Chemistry, 2024, 1236: 114612.

[141] Su F F, Jia Q J, Li Z Z, et al. Aptamer-templated silver nanoclusters embedded in zirconium metal-organic framework for targeted antitumor drug delivery [J]. Microporous and Mesoporous Materials, 2019, 275: 152-162.

[142] He K, Hu C, Ding Y F, et al. Renal-clearable luminescent gold nanoparticles incorporating active and bio-orthogonal tumor-targeting for drug delivery and controlled release [J]. Nanotoday, 2024, 56: 102245.

[143] Guan F K, Dong Y J, Wang L, et al. An electrochemical aptamer sensor based on AuNPs/ErGO/Cu-MOF nanocomposites for the detection of oxytetracycline in foodstuff [J]. Microchemical Journal, 2025, 208: 112579.

[144] Zhao J, Zhou D Q, He Q, et al. Controllable synthesis of $MnIn_2S_4$ microspheres for piezoelectric degradation of oxytetracycline: Performance and mechanistic insights [J]. Journal of Alloys and Compounds, 2025, 1010: 177300.

[145] Haifa M, Ahlem R, Mosaab E, et al. A highly sensitive and selective impedimetric sensor for the determination of oxytetracycline based on a new polyamine functionalized calix [4] arene [J]. Microchemical Journal, 2024, 199: 109957.

[146] Zhang S, Yang R X, Wan Y P, et al. Multifunctional fluorescence sensor based on nitrogen-doped carbon dots and its application for toxoflavin detection [J]. Microchemical Journal, 2024, 207: 112168.

[147] Wang C Z, Wang X J, Jiang Y H, et al. Green-emitting carbon dots-protein fluorescence sensing system for specific and sensitive detection of trypsin in urine [J]. Colloids and Surfaces A: Physicochemical and Engineering Aspects, 2025, 708: 136037.

[148] Lu F N, Yang H W, Yuan Z Q, et al. Highly fluorescent polyethyleneimine protected Au_8 nanoclusters: one-pot synthesis and application in hemoglobin detection [J]. Sens. Actuator B, 2019,

291: 170-176.

[149] Meng L, Zhu Q, Yin J H, et al. Polyethyleneimine protected silver nanoclusters luminescence probe for sensitive detection of cobalt (Ⅱ) in living cells [J]. J. Photoch. Photobio. B, 2017, 173: 508-513.

[150] Vishal S, Kartikay T, Reena K, et al. Atomically precise copper nanoclusters mediated Fenton-like reaction for cancer chemodynamic therapy [J]. Chemical Communications, 2024, 60 (86): 12593-12596.

[151] Wang H B, Tao B B, Mao A L, et al. Self-assembled copper nanoclusters structure-dependent fluorescent enhancement for sensitive determination of tetracyclines by the restriction intramolecular motion [J]. Sens Actuators B, 2021, 348: 130729.

[152] Guo Y Y, Shi S X, Fan C Y, et al. Fluorescent determination of fluazinam with polyethyleneimine-capped copper nanoclusters [J]. Chem. Phys. Lett., 2020, 754: 137748.

[153] Zhao X J, Huang C Z. Water-soluble luminescent copper nanoclusters reduced and protected by histidine for sensing of guanosine 5'-triphosphate [J]. N. J. Chem., 2014, 38: 3673.

[154] Wei H, Li H L, Zhang Y T, et al. Solid-phase synthesized iron-mediated carbon dots nanozymes with fluorescence and peroxidase-like activity for multi-mode analysis of dopamine [J]. Microchemical Journal, 2025, 208: 112597.

[155] Hanan S, Mohamed S, Amany M, et al. Microfluidic-based fluorescence enhancement of silica-embedded carbon dots for direct detection and quantification of unamplified HCV RNA in clinical samples [J]. Analytica Chimica Acta, 2025, 1333: 343396.

[156] Li Q, Wang H B, Yue X F, et al. Perovskite nanocrystals fluorescence nanosensor for ultrasensitive detection of trace melamine in dairy products by the manipulation of inner filter effect of gold nanoparticles [J]. Talanta, 2020, 211: 120705.

[157] Liu H J, Wang M, Li Z X, et al. A fluorescence sensing method for brilliant blue with gold nanoclusters based on the inner filter effect [J]. Anal. Methods, 2020, 12: 4551-4555.

[158] Zhai W Y, Wang C X, Yu P, et al. Single-layer MnO_2 nanosheets suppressed fluorescence of 7-hydroxycoumarin: mechanistic study and application for sensitive sensing of ascorbic acid in vivo [J]. Anal. Chem., 2014, 86: 12206-12213.

[159] Wang Y W, Xie X Y, Wang X F, et al. High fluorescence quantum yield of methionine-doped carbon quantum dots for achieving rapid assay of tetracyclines in foodstuffs [J]. Spectrochimica Acta Part A: Molecular and Biomolecular Spectroscopy, 2025, 329: 125498.

[160] Indhumathi A, Susanta K B. Bright yellow fluorescent carbon dots as selective nanoprobe for detection of 2-nitrophenol and 4-nitrophenol in aqueous medium [J]. Inorganica Chimica Acta, 2024, 573: 122312.

[161] Hu Q, Mao Q Y, Cui Y K, et al. Carbon dots-based fluorescence microspheres for ultrasensitive detection of malachite green in fish samples [J]. Journal of Food Composition and Analysis, 2024, 134: 106497.

[162] Khalid A, Naseem I. Antidiabetic and antiglycating potential of chrysin is enhanced after nano formulation: an in vitro approach [J]. J. Mol. Struct., 2022, 1261: 132906.

[163] Rong W H, Wan N Y, Zheng X, et al. Chrysin inhibits hepatocellular carcinoma progression through suppressing programmed death ligand 1 expression [J]. Phytomedicine, 2022, 95: 153867.

[164] Campos H M, da Costa M, da Silva Moreira L K, et al. Protective effects of chrysin against the neurotoxicity induced by aluminium: In vitro and in vivo studies [J]. Toxicology, 2022, 465: 153033.

[165] Sharma T, Khurana R K, Borges B, et al. An HPTLC densitometric method for simultaneous quantification of sorafenib tosylate and chrysin: analytical method development, validation and applications [J]. Microchem. J., 2021, 162: 105821.

[166] Gharari Z, Bagheri K, Danafar H, et al. Simultaneous determination of baicalein, chrysin and wogonin in four Iranian Scutellaria species by high performance liquid chromatography [J]. J. Appl. Res. Med. Aroma., 2020, 16: 100232.

[167] Yin L H, Lu B N, Qi Y, et al. Simultaneous determination of 11 active components in two well-known traditional Chinese medicines by HPLC coupled with diode array detection for quality control [J]. J. Pharmaceut. Biomed., 2009, 49: 1101-1108.

[168] Nie P C, Xia Z Y, Sun D W, et al. Application of visible and near infrared spectroscopy for rapid analysis of chrysin and galangin in Chinese propolis [J]. Sensors, 2013, 13: 10539-10549.

[169] Xie Z K, Li G P, Fu Y M, et al. Sensitive, simultaneous determination of chrysin and baicalein based on Ta_2O_5-chitosan composite modified carbon paste electrode [J]. Talanta, 2017, 165: 553-562.

[170] Zheng J B, Zhang H F, Gao H. Investigation on electrochemical behavior and scavenging superoxide anion ability of chrysin at mercury electrode [J]. Chin. J. Chem., 2005, 23: 1042-1046.

[171] Cai Z F, Wang X S, Li H Y, et al. One-step synthesis of blue emission copper nanoclusters for the detection of furaltadone and temperature [J]. Spectrochim. Acta, 2022, 279: 121408.

[172] Sabarinathan D, Se Sharma A, Ak Agyekum A, et al. Thunnus albacares protein-mediated synthesis of water-soluble copper nanoclusters as sensitive fluorescent probe for Ferric ion detection [J]. J. Mol. Struct., 2022, 1254: 132333.

[173] Zhao J Y, Wang Z Y, Lu Y X, et al. Facile and rapid synthesis of copper nanoclusters as a fluorescent probe for the sensitive detection of fluoride ions with the assistance of aluminum [J]. Dyes Pigments, 2022, 106: 110593.

[174] Pan C J, Chen T T, Ma L F, et al. One-pot facile synthesis of bright blue emitting silicon nanoparticles for sensitive detection of luteolin via inner filter effect [J]. Chin. J. Anal. Chem., 2022, 504: 100069.

[175] Wen M Y, Liu C, Rui Y L, et al. Two new Cd (Ⅱ) MOFs as signal magnifiers for fluorescence detection of levofloxacin [J]. J. Mol. Struct., 2022, 126: 133560.

[176] Vilar-Vidal N, Blanco M C, Lopez-Quintela M A, et al. Electrochemical synthesis of very stable

photoluminescent copper clusters [J]. J. Phys. Chem. C, 2010, 114: 15924-15930.

[177] Bhamore J R, Jha S, Mungara A K, et al. One-step green synthetic approach for the preparation of multicolor emitting copper nanoclusters and their applications in chemical species sensing and bioimaging [J]. Biosens. Bioelectron., 2016, 80: 243-248.

[178] Ramadurai M, Kiren R G, Saheb A, et al. Tenacious copper nanoclusters shielded by aromatic thiol for use in antibacterial, bioimaging, and dye degradation applications [J]. Journal of Industrial and Engineering Chemistry, 2024, 137: 448-454.

[179] Tian X X, Li Lg, Zheng X C, et al. A novel aggregation-induced emission-featured hyperbranched poly (amido amine) s stabilized copper nanoclusters-cerium (Ⅲ) sensor for detection of thiol flavor compounds in processed meat [J]. Food Chemistry, 2025, 466: 142236.

[180] Cai Z F, Pang S L, Wu L L, et al. Highly sensitive and selective fluorescence sensing of nitrofurantoin based on water-soluble copper nanoclusters [J]. Spectrochim. Acta, 2021, 255: 119737.

[181] Yu Y X, Chen K R, Du Z H, et al. Magnetic aptamer copper nanoclusters fluorescent biosensor for the visual detection of zearalenone based on docking-aided rational tailoring [J]. Food Chemistry, 2024, 448: 139127.

[182] Cai Z F, Chen S Y, Ma X R, et al. Preparation and use of tyrosine-capped copper nanoclusters as fluorescent probe to determine rutin [J]. J. Photochem. Photobiol. A, 2021, 405: 112918.

[183] Anand S K, Mathew M R, Kumar K G. A dual channel optical sensor for biliverdin and bilirubin using glutathione capped copper nanoclusters [J]. J. Photochem. Photobiol. A, 2021, 418: 113379.

[184] Er Demirhan B, Eda S H, Demirhan B. One-step green aqueous synthesis of blue light emitting copper nanoclusters for quantitative determination of food color Ponceau 4R [J]. J. Photochem. Photobiol. A, 2021, 417: 113356.

[185] Shivangi, Mandeep K, Neeraj S, et al. Bile-salt templated green fluorescent copper nanoclusters: detection of 4-nitrophenol in nanomolar range [J]. RSC Applied Interfaces, 2024, 1 (6): 1174-1185.

[186] Feng Y, Yuan JX, Yang X, et al. Developing an off-on fluorescence sensor based on red copper nanoclusters wrapped by sulfhydryl and polymer double ligands for sensitive detection of N-acetyl-L-cysteine [J]. Spectrochimica Acta Part A: Molecular and Biomolecular Spectroscopy, 2025, 324: 125008.

[187] Li J H, Ling J, Cai Z H, et al. Rapid and sensitive detection of etomidate based on functionalized copper nanoclusters fluorescent probe [J]. Forensic Science International, 2024, 361: 112136.

[188] Li Y X, Ren Z J, Zhang L N, et al. Multicolor fluorescent probe based on copper nanoclusters and organometallic frameworks for selective detection of aluminum ions [J]. Colloids and Surfaces A: Physicochemical and Engineering Aspects, 2024, 687: 133542.

[189] Ramadan A, Abdullah A, Abdullah S A, et al. Developing a switch "OFF-ON" fluorescent probe for detection of melamine based on doubly-protected red emissive copper nanoclusters mediated by Hg^{2+} ions [J]. Spectrochimica Acta Part A: Molecular and Biomolecular Spectroscopy, 2025,

326: 125286.

[190] Ren C X, Tian C L, Zhang M, et al. The fluorescence properties of nitrogen-doped carbon dots by microwave green approaches [J]. Journal of Molecular Structure, 2025, 1319: 139364.

[191] Li J N, Zhang D K, Xia J B. The controllable synthesis of multi-color carbon quantum dots modified by polythiophene and their application in fluorescence detection of Au^{3+} and Hg^{2+} [J]. Spectrochimica Acta Part A: Molecular and Biomolecular Spectroscopy, 2024, 322: 124794.

[192] Hu J B, LiB H, Su M, et al. Highly sensitive and selective ratiometric fluorescence and colorimetric detection of Cr (Ⅵ) via in situ encapsulation of green/red carbon quantum dots in zeolite [J]. Colloids and Surfaces A: Physicochemical and Engineering Aspects, 2025, 705: 135565.

[193] Zhang R T, Zhang L Y, Yu R Z, et al. Rapid and sensitive detection of methyl parathion in rice based on carbon quantum dots nano-fluorescence probe and inner filter effect [J]. Food Chemistry, 2023, 413: 135679.

[194] Zhang G Q, Zhang X Y, Luo Y X, et al. A flow injection fluorescence "turn-on" sensor for the determination of metformin hydrochloride based on the inner filter effect of nitrogen-doped carbon dots/gold nanoparticles double-probe [J]. Spectrochimica Acta Part A: Molecular and Biomolecular Spectroscopy, 2021, 250: 119384.

[195] Zhao Y N, Zou S Y, Huo D Q, et al. Simple and sensitive fluorescence sensor for methotrexate detection based on the inner filter effect of N, S co-doped carbon quantum dots [J]. Analytica Chimica Acta, 2019, 1047: 179-187.

[196] Dong B L, Li H F, Ghulam M M, et al. Fluorescence immunoassay based on the inner-filter effect of carbon dots for highly sensitive amantadine detection in foodstuffs [J]. Food Chemistry, 2019, 294: 347-354.

[197] Zhao Y L, Zhang X, Zhang N N, et al. Lipophilized apigenin derivatives produced during the frying process as novel antioxidants [J]. Food Chem., 2022, 379: 132178.

[198] Hang N T, Uyen T T T, Phuong N V. Green extraction of apigenin and luteolin from celery seed using deep eutectic solvent [J]. J. Pharmaceut. Biomed., 2022, 207: 114406.

[199] Yao L, Fan Z Y, Han S W, et al. Apigenin acts as a partial agonist action at estrogen receptors in vivo [J]. Eur. J. Pharmacol., 2021, 906: 174175.

[200] Nielsen S E, Dragsted L O. Column-switching high-performance liquid chromatographic assay for determination of apigenin and acacetin in human urine with ultraviolet absorbance detection [J]. J. Chromatogr. B, 1998, 713: 379-386.

[201] Li L P, Jiang H D. Determination and assay validation of luteolin and apigenin in human urine after oral administration of tablet of Chrysanthemum morifolium extract by HPLC [J]. J. Pharmaceut. Biomed., 2006, 41: 261-265.

[202] Hadjmohammadi M R, Soltani M, Sharifi V. Use of hollow fiber liquid phase microextraction and HPLC for extraction and determination of apigenin in human urine after consumption of Satureja sahendica Bornm [J]. J. Chromatogr. B, 2012, 900: 85-88.

[203] Kim S B, Lee T, Lee H S, et al. Development and validation of a highly sensitive LC-MS/MS method for the determination of acacetin in human plasma and its application to a protein binding study [J]. Arch. Pharm. Res., 2016, 39: 213-220.

[204] March R E, Lewars E G, Stadey C J, et al. A comparison of flavonoid glycosides by electrospray tandem mass spectrometry [J]. Int. J. Mass Spectrom., 2006, 248: 61-85.

[205] Wang Y C, Wei Z, Zhang J P, et al. Electrochemical determination of apigenin as an anti-gastric cancer drug in lobelia chinensis using modified screenprinted electrode [J]. Int. J. Electrochem. Sci., 2017, 12: 2003-2012.

[206] Xu X Q, Yu L S, Chen G N. Determination of flavonoids in *Portulaca oleracea* L. by capillary electrophoresis with electrochemical detection [J]. J. Pharmaceut. Biomed., 2006, 41: 493-499.

[207] Li J, Song J P, Liang X M, et al. A highly selective and sensitive fluorescence sensor for the detection of apigenin based on nitrogen doped carbon dots and its application in cell imaging [J]. Anal. Methods, 2017, 9: 6379-6385.

[208] Khalid A, Ahmed Z A, Aya M M, et al. Enhanced dual fluorescence quenching of red and blue emission carbon dots by copper dimethyldithiocarbamate for selective ratiometric detection of ziram in foodstuff and water samples [J]. Microchemical Journal, 2024, 204: 111092.

[209] Hu Q Y, Lin H Y, Feng Q G, et al. The rational design of ratiometric probe based on fluorescence carbon dots and its PVA film platform for the detection of Hg^{2+}: Tunable mechanism and the performance [J]. Journal of Environmental Chemical Engineering, 2024, 12 (6): 114509.

[210] Cai Z F, Zhang Y, Jin M L, et al. Preparation of blue fluorescent copper nanoclusters for sensitive and selective sensing of apigenin in pharmaceutical samples [J]. Spectrochimica Acta Part A: Molecular and Biomolecular Spectroscopy, 2023, 300: 122940.

[211] Wang X S, Zhang S. A highly selective fluorescent sensor for chlortetracycline based on histidine-templated copper nanoclusters [J]. Spectrochim. Acta A, 2022, 281: 121588.

[212] Li P, Xie Z H, Zhuang L Y, et al. DNA-templated copper nanocluster: A robust and universal fluorescence switch for bleomycin assay [J]. International Journal of Biological Macromolecules, 2023, 234: 123756.

[213] Huang X F, Ren B X, Peng C F, et al. Fluorescent sensing of mercury (Ⅱ) and copper (Ⅱ) ions based on DNA-templated Cu/Ag nanoclusters [J]. Microchem. J., 2020, 158: 105214.

[214] Wang C X, Cheng H, Huang Y J, et al. Facile sonochemical synthesis of pH-responsive copper nanoclusters for selective and sensitive detection of Pb^{2+} in living cells [J]. Analyst, 2015, 140: 5634-5639.

[215] Hu X, Mao X X, Zhang X D, et al. One-step synthesis of orange fluorescent copper nanoclusters for sensitive and selective sensing of Al^{3+} ions in food samples [J]. Sensor. Actuat. B, 2017, 247: 312-318.

[216] Huang H, Li H, Feng J J, et al. One-pot green synthesis of highly fluorescent glutathione-stabilized copper nanoclusters for Fe^{3+} sensing [J]. Sensor. Actuat. B, 2017, 241: 292-297.

[217] Kang J J, Gao P F, Zhang G M, et al. Rapid sonochemical synthesis of copper nanoclusters with red fluorescence for highly sensitive detection of silver ions [J]. Microchem. J., 2022, 178: 107370.

[218] Liao X Q, Li R Y, Li Z J, et al. Fast synthesis of copper nanoclusters through the use of hydrogen peroxide additive and their application for the fluorescence detection of Hg^{2+} in water samples [J]. New J. Chem., 2015, 39: 5240-5248.

[219] Cao H Y, Zhang X D, Tang M J, et al. Amplified fluorescence sensing of Cr (Ⅵ) enabled by AIE-active copper nanoclusters functionalized hydrogels to afford a smartphone-enabled colorimetric platform [J]. Sensors and Actuators B: Chemical, 2023, 392: 134066.

[220] Wang Y, Tan Y Y, Ding Y, et al. Phenylalanine stabilized copper nanoclusters for specific destruction of Congo red and bacteria in aqueous solution [J]. Colloids and Surfaces A: Physicochemical and Engineering Aspects, 2022, 654: 130072.

[221] Zhu T, Chen J Y, Chai Q L, et al. Stable and sensitive sensor for alkaline phosphatase based on target-triggered wavelength tuning of fluorescent copper nanoclusters [J]. Analytica Chimica Acta, 2022, 1232: 340453.

[222] Sreeju N, Rufus A, Philip D. Microwave-assisted rapid synthesis of copper nanoparticles with exceptional stability and their multifaceted applications [J]. J. Mol. Liq., 2016, 221: 1008-1021.

[223] Chauhan C, Bhardwaj V, Sahoo SK. Sequential detection of vitamin B_6 cofactors and nitroaromatics by using albumin-stabilized fluorescent copper nanoclusters [J]. Microchem. J., 2021, 170: 106778.

[224] Wang H B, Tao B B, Wu N N, et al. Glutathione-stabilized copper nanoclusters mediated-inner filter effect for sensitive and selective determination of p-nitrophenol and alkaline phosphatase activity [J]. Spectrochim. Acta A, 2022, 271: 120948.

[225] Lettieri M, Palladino P, Scarano S, et al. Copper nanoclusters and their application for innovative fluorescent detection strategies: An overview [J]. Sensors and Actuators Reports, 2022, 4: 100108.

[226] Liu L Z, Chen M, Zhao T, et al. Ratiometric fluorescence and smartphone-assisted sensing platform based on dual-emission carbon dots for brilliant blue detection [J]. Spectrochimica Acta Part A: Molecular and Biomolecular Spectroscopy, 2024, 322: 124782.

[227] Shen C, Zhou Y X, Shao S, et al. Structure-property relationships in fluorescence of carbon dots from premixed ethylene flames [J]. Proceedings of the Combustion Institute, 2024, 40 (1-4): 2024, 105593.

[228] Wang Z H, Liu Y, Liang M Q, et al. Hydrophobic carbon quantum dots with red fluorescence: An optical dual-mode and smartphone imaging sensor for identifying Chinese Baijiu quality [J]. Talanta, 2024, 275: 126064.

[229] Zhang D L, Qu W S. Facile synthesis of carbon dots with blue-emitting for fluorescence determination of alizarin yellow R and temperature [J]. Chemical Physics Letters, 2024, 843: 141243.

[230] Yin C H, Sun Q J, Wu M, et al. Novel lignin-derived carbon dots nanozyme cascade-amplified for ratiometric fluorescence detection of xanthine oxidase and intracellular imaging [J]. Sensors and Actuators B: Chemical, 2024, 406: 135458.

[231] Foziya Y V, Sanjay J, Vaibhavkumar N M, et al. Development of sustainable fluorescence approach with red emissive carbon dots derived from *Grewia asiatica* fruit for the detection of quinalphos [J]. Journal of Photochemistry and Photobiology A: Chemistry, 2025, 458: 115948.

[232] Durrani S, Zhang J, Durrani F, et al. Triple channel fluorescence Na-Ca-Cl-doped carbon dots for erythrosine detection in food samples and living cells [J]. Journal of Molecular Structure, 2025, 1321 (2): 139934.

[233] Zhang Q Y, Zhang C H, Li Z B, et al. Nitrogendoped carbon dots as fluorescent probe for detection of curcumin based on the inner filter effect [J]. RSC Adv., 2015, 5: 95054-95060.

[234] Prabaningdyah N, Riyanto S, Rohman A, et al. Application of HPLC and response surface methodology for simultaneous determination of curcumin and desmethoxy curcumin in Curcuma syrup formulation [J]. J. Appl. Stat., 2017, 7 (12): 058-064.

[235] Liu X Y, Zhu L J, Gao X, et al. Magnetic molecularly imprinted polymers for spectrophotometric quantification of curcumin in food [J]. Food Chem., 2016, 202: 309-315.

[236] Ziyatdinova G K, Nizamova A M, Budnikov H C. Voltammetric determination of curcumin in spices [J]. J. Anal. Chem., 2012, 67: 591-594.

[237] Zhang D D, Ouyang X Y, Ma J, et al. Electrochemical behavior and voltammetric determination of curcumin at electrochemically reduced graphene oxide modified glassy carbon electrode [J]. Electroanalysis, 2016, 28: 749-756.

[238] Baig M M F, Chen Y C. Bright carbon dots as fluorescence sensing agents for bacteria and curcumin [J]. J. Colloid Interface Sci., 2017, 501: 341-349.

[239] Liu Y, Gong X J, Dong W J, et al. Nitrogen and phosphorus dual-doped carbon dots as a label-free sensor for curcumin determination in real sample and cellular imaging [J]. Talanta, 2018, 183: 61-69.

[240] Hu Q, Gao L, Rao S Q, et al. Nitrogen and chlorine dualdoped carbon nanodots for determination of curcumin in food matrix via inner filter effect [J]. Food Chem., 2019, 280: 195-202.

[241] Jiang S J, Qiu J B, Lin B N, et al. First fluorescent sensor for curcumin in aqueous media based on acylhydrazone-bridged bistetraphenylethylene [J]. Spectrochim. Acta A., 2020, 229: 117916.

[242] Yan F Y, Zu F L, Xu J X, et al. Fluorescent carbon dots for ratiometric detection of curcumin and ferric ion based on inner filter effect, cell imaging and PVDF membrane fouling research of iron flocculants in wastewater treatment [J]. Sens. Actuators B Chem., 2019, 287: 231-240.

[243] Li N, He Y, Ge Y L, et al. "Turn-off-on" fluorescence switching of ascorbic acid-reductive silver nanoclusters: a sensor for ascorbic acid and arginine in biological fluids [J]. J. Fluoresc., 2017, 27: 293-302.

[244] Li W H, Li W, Hu Y F, et al. A fluorometric assay for acetylcholinesterase activity and inhibitor

detection based on DNA-templated copper/silver nanoclusters [J] . Biosens. Bioelectron. , 2013, 47: 345-349.

[245] Li W Y, Camargo P H C, Au L, et al. Etching and dimerization: a simple and versatile route to dimers of silver nanospheres with a range of sizes [J] . Angew. Chem. Int. Ed. , 2010, 49: 164-168.

[246] Devi L B, Das S K, Mandal A B. Impact of surface functionalization of Ag NPs on binding and conformational change of hemoglobin (Hb) and hemolytic behavior [J] . J. Phys. Chem. C, 2014, 118: 29739-29749.

[247] Arrocha-Arcos A A, Cervantes-Alcala R, Huerta-Miranda G A. Electrochemical reduction of bicarbonate to formate with silver nanoparticles and silver nanocluster supported on multiwalled carbon nanotubes [J] . Electrochim. Acta, 2017, 246: 1082-1087.

[248] Tang W, Chen S Q, Song Y, et al. Controllable fabrication of high-quantum-yield bimetallic gold/silver nanoclusters as multivariate sensing probe for Hg^{2+}, H_2O_2, and glutathione based on AIE and peroxidase mimicking activity [J] . Journal of Hazardous Materials, 2024, 480: 136254.

[249] Zoughi S, Faridbod F, Moradi S. Rapid enzyme-free detection of miRNA-21 in human ovarian cancerous cells using a fluorescent nanobiosensor designed based on hairpin DNA-templated silver nanoclusters [J] . Analytica Chimica Acta, 2024, 1320: 342968.

[250] Syed A M, Kundu S, Ram C. Aloin alleviates pathological cardiac hypertrophy via modulation of the oxidative and fibrotic response [J] . Life Sciences, 2022, 288: 120159.

[251] Silva M A, Trevisan G, Hoffmeister C, et al. Anti-inflammatory and antioxidant effects of Aloe saponaria Haw in a model of UVB-induced paw sunburn in rats [J] . J. Photochem. Photobiol. B, 2014, 133: 47-54.

[252] Ulbricht C, Armstrong J, Basch E, et al. An evidence-based systematic review of Aloe vera by the natural standard research collaboration [J] . Cardiovasc. Hematol. Agents Med. Chem. , 2007, 8.

[253] Woo S W, Nan J X, Lee S H, et al. Aloe emodin suppresses myofibroblastic differentiation of rat hepatic stellate cells in primary culture [J] . Pharmacol. Toxicol. , 2002, 90: 193-198.

[254] Arosio B, Gagliano N, Fusaro L M, et al. Aloe-Emodin quinone pretreatment reduces acute liver injury induced by carbon tetrachloride [J] . Pharmacol. Toxicol. , 2000, 87: 229-233.

[255] ElSohly M A, Gul W, Murphy T P. Analysis of the anthraquinones aloe-emodin and aloin by gas chromatography/mass spectrometry [J] . Int. Immunopharmacol. , 2004, 4: 1739-1744.

[256] Niu C, Ye W J, Cui X, et al. UHPLC-MS/MS method for the quantification of aloin-A in rat plasma and its application to a pharmacokinetic study [J] . J. Pharm. Biomed. Anal. , 2020, 178: 112928.

[257] Coran S A, Bartolucci G, Bambagiotti-Alberti M. Selective determination of aloin in different matrices by HPTLC densitometry in fluorescence mode [J] . J. Pharm. Biomed. , 2011, 54: 422-425.

[258] Cai Z F, Wu L L, Qi K F, et al. Blue-emitting glutathione-capped copper nanoclusters as fluorescent probes for the highly specific biosensing of furazolidone [J] . Spectrochim. Acta Part A Mol. Biomol. Spectrosc. , 2021, 247: 119145.

[259] Cai Z F, Wu L L, Xi J R, et al. Green and facile synthesis of polyethyleneimine-protected fluores-

cent silver nanoclusters for the highly specific biosensing of curcumin [J]. Colloids Surf. A Physicochem. Eng. Asp., 2021, 615: 126228.

[260] Zakharenkova S A, Katkova E A, Doroshenko I A, et al. Aggregation-based fluorescence amplification strategy: "turn-on" sensing of aminoglycosides using near-IR carbocyanine dyes and premicellar surfactants [J]. Spectrochim. Acta Part A Mol. Biomol. Spectrosc., 2021, 247: 119109.

[261] Wu J Y, Fan M W, Deng G W, et al. Optofluidic laser explosive sensor with ultralow detection limit and large dynamic range using donor-acceptor-donor organic dye [J]. Sens. Actuators B Chem., 2019, 298: 126830.

[262] Wei N, Wei M X, Huang B H, et al. One-pot facile synthesis of green-emitting fluorescent silicon quantum dots for the highly selective and sensitive detection of nitrite in food samples [J]. Dyes Pigments, 2021, 184: 108848.

[263] Tang X Y, Liu Y M, Bai X L, et al. Turn-on fluorescent probe for dopamine detection in solutions and live cells based on in situ formation of aminosilane-functionalized carbon dots [J]. Anal. Chim. Acta, 2021, 1157: 338394.

[264] Guo Y Y, Cai Z F. Ascorbic acid stabilized copper nanoclusters as fluorescent probes for selective detection of tetracycline [J]. Chem. Phys. Lett., 2020, 759: 138048.

[265] Lian N, Zhang Y H, Liu D, et al. Copper nanoclusters as a turn-on fluorescent probe for sensitive and selective detection of quinolones [J]. Microchem. J., 2021, 164: 105989.

[266] Zhao R X, Liu A Y, Wen Q L, et al. Glutathione stabilized green-emission gold nanoclusters for selective detection of cobalt ion [J]. Spectrochim. Acta Part A Mol. Biomol. Spectrosc., 2021, 254: 119628.

[267] Dong L, Li R Y, Wang L Q, et al. Green synthesis of platinum nanoclusters using lentinan for sensitively colorimetric detection of glucose [J]. Int. J. Biol. Macromol., 2021, 172: 289-298.

[268] Wang M K, Wang S, Su D D, et al. Copper nanoclusters/polydopamine nanospheres based fluorescence aptasensor for protein kinase activity determination [J]. Anal. Chim. Acta, 2018, 1035: 184-191.

[269] Cai Z F, Zhu R T, Chen S Y, et al. An efficient fluorescent probe for tetracycline detection based on histidine-templated copper nanoclusters [J]. ChemistrySelect, 2020, 5: 3682-3687.

[270] Huang H, Li H, Wang A J, et al. Green synthesis of peptide-templated fluorescent copper nanoclusters for temperature sensing and cellular imaging [J]. Analyst, 2014, 139: 6536-6541.

[271] Starukhin A N, Nelson D K, Eurov D A, et al. Nonmonotonic temperature dependence of fluorescence intensity of carbon dots in a glycerol solution [J]. Dyes and Pigments, 2023, 216: 111342.

[272] Zhang Y Y, Cui X C, Wang X, et al. Xylan derived carbon dots composite ZIF-8 and its immobilized carbon fibers membrane for fluorescence selective detection Cu^{2+} in real samples [J]. Chemical Engineering Journal, 2023, 474: 145804.

[273] Liu R, Duan S S, Bao L J, et al. Photonic crystal enhanced gold-silver nanoclusters fluorescent sensor for Hg^{2+} ion [J]. Anal. Chim. Acta, 2020, 1114: 50-57.

[274] Liu M J, Ren X L, Liu X, et al. Luminescent silver nanoclusters for efficient detection of adeno-

sine triphosphate in a wide range of pH values [J] . Chin. Chem. Lett. , 2020, 31: 3117-3120.

[275] Liu L Z, Mi Z, Guo Z Y, et al. A label-free fluorescent sensor based on carbon quantum dots with enhanced sensitive for the determination of myricetin in real samples [J] . Microchem. J. , 2020, 157: 104956.

[276] Hu F J, Fu Q B, Li Y J, et al. Zinc-doped carbon quantum dots-based ratiometric fluorescence probe for rapid, specific, and visual determination of tetracycline hydrochloride [J] . Food Chemistry, 2024, 431: 137097.

[277] Qian S H, Qiao L N, Xu W X, et al. An inner filter effectbased near-infrared probe for the ultrasensitive detection of tetracyclines and quinolones [J] . Talanta, 2019, 194: 598-603.

[278] Yang H, He L, Pan S, et al. Nitrogen-doped fluorescent carbon dots for highly sensitive and selective detection of tannic acid [J] . Spectrochim. Acta A, 2019, 210: 111-119.

[279] Zhong Y P, Wang Q P, He Y, et al. A novel fluorescence and naked eye sensor for iodide in urine based on the iodide induced oxidative etching and aggregation of Cu [J] . Sens. Actuator B, 2015, 209: 147-153.

[280] Kleter G A, Groot M J, Poelman M, et al. Timely awareness and prevention of emerging chemical and biochemical risks in foods: proposal for a strategy based on experience with recent cases [J] . Food Chem. Toxicol. , 2009, 47: 992-1008.

[281] Majdinasab M, Mishra R K, Tang X Q, et al. Detection of antibiotics in food: new achievements in the development of biosensors [J] . TrAC, Trends Anal. Chem. , 2020, 127: 115883.

[282] Mariappan K, Chen T W, Chen S M, et al. Fabrication of hexagonal $CuCoO_2$ modified screen-printed carbon electrode for the selective electrochemical detection of furaltadone [J] . Int. J. Electrochem. Sci. , 2022, 17: 220644.

[283] Shi S C, Cao G J, Chen Y M, et al. Facile synthesis of core-shell Co-MOF with hierarchical porosity for enhanced electrochemical detection of furaltadone in aquaculture water [J] . Anal. Chim. Acta, 2023, 1263: 341296.

[284] Chen T W, Priya T S, Chen S M, et al. Synthesis of praseodymium vanadate in deep eutectic solvent medium for electrochemical detection of furaltadone [J] . Process Saf. Environ. , 2023, 174: 368-375.

[285] Evstigneeva S S, Chumakov D S, Tumskiy R S, et al. Detection and imaging of bacterial biofilms with glutathione-stabilized gold nanoclusters [J] . Talanta, 2023, 264: 124773.

[286] Hu R, Xu R, Wang Z Z, et al. Enhanced catalytic nitrophenol reduction via highly porous hollow silica nanospheres stabilized Au nanoclusters [J] . Chem. Eng. J. , 2023, 471: 144780.

[287] Zhuang Q F, Zeng C, Mu Y X, et al. Lead (Ⅱ) -triggered aggregation-induced emission enhancement of adenosine-stabilized gold nanoclusters for enhancing photoluminescence detection of nabam—disodium ethylenebis (dithiocarbamate) [J] . Chem. Eng. J. , 2023, 470: 144113.

[288] Yang L Y, Liao Y P, Zhou Z Q. An "off-on" fluorescent probe for selective detection of glutathione based on 11-mercaptoundecanoic acid capped gold nanoclusters [J] . Opt. Mater. , 2023, 140:

113867.

[289] Zheng S Y, Yin H Q, Li Y, et al. One-step synthesis of L-tryptophanstabilized dual-emission fluorescent gold nanoclusters and its application for Fe^{3+} sensing [J]. Senso. Actuat. B, 2017, 242: 469-475.

[290] Zhang Y, Tang C, Zhang M L, et al. Gold Nanoclusters as a Fluorescent Probe for the Sensitive Determination of Morin and Sensing of Temperature [J]. ChemistrySelect, 2022, 7: e202203005.

[291] Wang M, Huang H F, Wang L, et al. Carbon dots-based dual-emission proportional fluorescence sensor for ultra-sensitive visual detection of mercury ions in natural water [J]. Colloid. Surf. A, 2023, 675: 132080.

[292] Liao L H, Lin X, Zhang J, et al. Facile preparation of carbon dots with multicolor emission for fluorescence detection of ascorbic acid, glutathione and moisture content [J]. J. Lumin., 2023, 264: 120169.

[293] Zhou Y, Chen G Q, Ma C Q, et al. Nitrogen-doped carbon dots with bright fluorescence for highly sensitive detection of Fe^{3+} in environmental waters [J]. Spectrochim. Acta A, 2023, 293: 122414.

[294] Khan Z M S H, Saifi S, Shumaila Z, et al. A facile one step hydrothermal synthesis of carbon quantum dots for label-free fluorescence sensing approach to detect picric acid in aqueous solution [J]. J. Photochem. Photobio. A, 2020, 388: 112201.

[295] Wang X, Liu Y L, Zhou Q X, et al. A reliable and facile fluorescent sensor from carbon dots for sensing 2, 4, 6-trinitrophenol based on inner filter effect [J]. Sci. Total Environ., 2020, 720: 137680.

[296] Mu X W, Wu M X, Zhang B, et al. A sensitive "off-on" carbon dots-Ag nanoparticles fluorescent probe for cysteamine detection via the inner filter effect [J]. Talanta, 2021, 221: 121463.